知者大家居智库丛书系列

家装行业畅销实战研究笔记

装修新零售

家装互联网化的实践论

精编版

U0150638

劣质、低效的家装产能必然被淘汰

深度洞察家装行业5~10年深刻变革的方法论手册

传统装修"互联网化"转型升级必备实操指南

华中科技大学出版社
http://www.hustp.com
中国·武汉

穆峰 ◎ 著

图书在版编目(CIP)数据

装修新零售:家装互联网化的实践论:精编版/穆峰著.—武汉:华中科技大学出版社,
2020.9(2020.11重印)
ISBN 978-7-5680-6464-4

Ⅰ.①装⋯ Ⅱ.①穆⋯ Ⅲ.①互联网络-应用-住宅-室内装修 Ⅳ.①TU767.7-39

中国版本图书馆 CIP 数据核字(2020)第 142657 号

装修新零售:家装互联网化的实践论(精编版) 穆 峰 著
Zhuangxiu Xin Lingshou: Jiazhuang Hulianwanghua de Shijianlun (Jingbian Ban)

策划编辑:易彩萍
责任编辑:易彩萍
封面设计:刘文涛
责任校对:阮 敏
责任监印:朱 玢
出版发行:华中科技大学出版社(中国·武汉)　　　电话:(027)81321913
　　　　　武汉市东湖新技术开发区华工科技园　　　邮编:430223
录　　排:华中科技大学惠友文印中心
印　　刷:湖北新华印务有限公司
开　　本:710mm×1000mm　1/16
印　　张:18
字　　数:302 千字
版　　次:2020 年 11 月第 1 版第 2 次印刷
定　　价:55.00 元

内 容 简 介

《装修新零售：家装互联网化的实践论（精编版）》是关于家装互联网化的一本研究笔记，是深度洞察家装行业5～10年深刻变革的方法论手册，也是传统装修"＋互联网"转型升级必备实操指南。

作者在《"颠覆"传统装修：互联网家装的实践论（第二版）》的基础上，倾力修订和增加了10万字的内容，新增了后疫情时代的装修需求特征、装修新零售、产业互联网、产品研发、标准化家装的现状和难点、成本结构、全链路信息化等章节内容。

面对流量越来越贵如何破？市场竞争越来越激烈怎么做？行业效率太低怎么提升？城市扩张难以复制怎么办？"家装＋互联网"未来之路何去何从？病态的传统装修产业链如何重构？……疑问多多，书中解惑。

战略支持及特别推荐一

嘉定新城，是上海市重点建设的三大新城之首，是嘉定区全力打造的立足长三角、面向未来发展的新城样板。当前，嘉定新城已经进入了产城融合互进、城市品质提升的发展新阶段。地方政府明确了嘉定新城（马陆镇）在"十三五"期间的"四高"定位，即高附加值的先进制造业、高科技的生产性服务业、高品质的生活性服务业以及高效益的总部经济的产业发展新格局。其中，发展泛家居产业就是打造高品质的生活性服务业的一项核心重点。多年来，我们依托较为成熟的产业基础，一直在关注和支持着泛家居产业的发展。在全世界拥抱互联网的当下，区域内也涌现了筑巢家居、齐家网等一批在行业内颇具代表性的企业。未来，我们将围绕涵盖家居智能科技研发、家居产品设计研发、家居高端制造、整合体验营销、家居文化休闲在内的核心产业链，努力打造泛家居产业的高地。

因为这本书，让我们有幸能够与穆老师相识；因为这本书，让我们对家装行业有了更充分的认知；因为这本书，让我们对大家居产业发展有了更坚定的信心。相信精编版的上市，会让更多的行业企业能够处理好传统与创新、线上与线下、效率和体验之间的关系，最终走向成熟，引领行业，体现价值。最后也真心希望有更多的行业企业能够通过穆老师和他的书与我们嘉定新城结缘，携手共进，筑梦未来！

上海嘉定新城管委会、马陆镇人民政府

战略支持及特别推荐二

商业的每一天都是"新"的。如果不能发现每一天的"新"，商业一定没有办法成长，因为消费者的需求在不断更新。回到家装行业，消费者需要更好的设计能力，更便捷的材料选购资源，更强的交付能力，更省力、省心的家装服务体验。

顺应新时代的消费趋势，红星美凯龙装修产业集团也在不断地变革，在设计能力上拥有 36000 多位设计师资源，集结国内外极具影响力的设计大咖举办 M ＋设计大赛。在供应链资源上，我们拥有全国 34 年积累的 428 家卖场，超过 2100 万平方米的材料展厅，满足消费者所见即所得、"一站购全"的需求。同时，我们为居家环保负责，联合中国质量认证中心，共同推出家居建材的绿色环保领跑认证，做中国家居正品查询平台。在交付能力上，我们拥有 5000 多位自有工人，拥有 28 项国家专利以及 305 项匠心工艺。我们现在在做一件事情：若有一天消费者来到红星美凯龙某一个家装门店，想装扮美好生活，只要选出小区名称，房型图自动出来，消费者使用设计云软件和设计师沟通，随手调用就可以装扮属于自己的家，以使家装符合他的生活方式和生活主张。一旦设计方案确定了，选材备料、施工交付都可以以最高效的方式去实现。红星美凯龙，34 年来围绕"家"与"住"，比消费者更懂家，用美学思维打磨每一个细节之处，用工匠精神提升国人的居家品味，让美成为每一个家庭的日常。

互联网经济的冲击，给线下实体行业带来了空前的危机，也成为企业转型新的契机。传统的家装行业正处在一个前所未有的大变革之中。变革走向何方？需要更多的行业人士更加深入及系统的思考。穆峰先生在 2016 年就推出了《"颠覆"传统装修：互联网家装的实践论》，现在大作升级再出精编版，一定会给我们带来更多的启发和思考。我们也坚信，行业人士的每一份努力，都会有收获，都能满足消费者的需求。让我们一起，见证家装行业的成长，以匠心之美，为中国生活设计！

红星美凯龙装修产业集团

战略支持及特别推荐三

　　全屋优品为"住"领域的家居软装垂直细分赛道的创业公司，上游将碎片化的产能通过云工厂的技术系统进行链接整合和设计赋能，下游将分散式的流量矩阵进行阶段细分和通过 SaaS（软件即服务）将流量做数据化分类，从而打通行业的信息流、资金流和物流，节约中间复杂繁琐的不对称信息和环节交易过多的资源浪费，提高整个家居软装行业的交易和闭环效率，是目前家居软装领域最先进的 S2B2C 的模式创新。全屋优品目前除了在全国有近 300 个线下体验店外，还与圣都、星艺、山水、名雕、东易日盛、生活家、美迪、业之峰、今朝、锦华、金螳螂等行业优质装修企业渠道进行战略合作，同时也是碧桂园、旭辉、绿城、招商、保利等地产的深度合作伙伴。

　　穆老师在住的领域做了大量深入细致的研究和探讨，对行业做了洋葱式的分解和方法论的辩证。本书在大量案例和实际调查后总结分析出行业的发展规律，对未来做了清晰的洞察和判断。通过穆老师的观点我们深入去思考，就能找到家居软装领域的不同特质。本书非常值得一读。

全屋优品

推荐序一

家装互联网化需要各个产业角色的融合互通、齐心协作

齐家网创始人兼 CEO　邓华金

得知穆峰要升级《"颠覆"传统装修:互联网家装的实践论》一书,特别激动,在传统家装产业链体系被打乱、市场正陷于混沌状态之际,整个行业太需要像穆峰这样兢兢业业研究和分析行业发展方向的有识之士了。

穆峰的研究成果充满前瞻性,从传统家装行业的痛点分析,到互联网家装的实践探讨,无不体现了穆峰对行业的深入观察和透彻理解,这些理论知识和实践指导将给产业的良性发展带来巨大的帮助。随着行业日新月异地发生变化,穆峰也在不断地更新和丰富其研究成果,这份坚持难能可贵。

传统的家装产业积弊重重,各产业环节之间互相割裂,呈现混乱、不透明的状态,产业效率低下、利润空间小,导致产业链各角色为了保障生存而不得不将资源损耗的代价转嫁给消费者,最终导致增项漏项、材料造假等情况频发,消费体验极差,整个产业恶名在外。

在消费升级浪潮下,以上问题的解决迫在眉睫。而要解决上述问题,需要利用互联网技术重塑家装产业链体系,也就是家装互联网化。既然是整个产业链的重塑,必然需要产业链上各个角色的通力合作,发挥各自的优势团结在一起,努力提升行业的效率、透明度、休验感,做到家装标准化,而不是启动新一轮的恶性竞争。

　　那么，在这个过程中，互联网家装平台可以做什么呢？我认为，互联网家装平台担任的是赋能者、联结者、引导者的角色。业内人士也指出，由于行业特有的"大行业，小企业"的特点，构建数字化系统、搭建产业链生态对单一的家装企业而言几乎是不可能的，未来行业的发展必然是平台化的发展，通过平台用互联网技术来解决产业链各环节的问题。这也是齐家网一直在做的事情。

　　作为一个赋能者，齐家网一直致力于提升平台商户的数字化服务能力和经营管理能力，帮助平台商户降本增效，提升用户体验，推动产业的在线化发展。通过数字营销系统、EPR（网络公共关系）管理系统、云设计、供应链管理系统、施工管理系统等数字化基础架构的搭建，齐家网帮助平台商户培育了线上服务能力，基本上做到了营销、客户管理、设计、建材、施工的全链路的数字化，极大地提升了服务效率和用户体验。众多商户在加入齐家网后年产值实现成倍的增长，成为具有区域影响力的品牌。

　　家装数字化的效益在2020年疫情期间得到了淋漓尽致的体现，当线下渠道被阻断，那些拥有线上获客和服务能力的装修企业具有更强的抗风险性，不仅没倒在压力之下，反而进一步提升了竞争力。顺应市场需求变化，齐家网也在不断创新和迭代家装数字技术，在疫情期间投资创办了家装直播平台"住呗"，加入平台的很多装修公司、建材品牌商都积极尝试家装直播模式，其收效超过预期，用户反馈很好，而且收到了很多的线上订单，比如东鹏瓷砖通过"住呗"进行的直播活动，页面总浏览数达到180万余次，直播累计在线人数达到150万余人次，共产生订单36881单……新的数字技术总能给产业带来惊喜，齐家网会一直在数字化的方向上努力。

　　作为一个联结者，齐家网致力于搭建一个生态圈，在这个圈里，装修公司、设计师、建材品牌商、用户等各个角色都融合进来，我们要做的就是去除一层层的中间环节，打破这些角色之间的分散状态，建立有效沟通，从而用更高的效率整合更优质的资源。比如，搭建供应链生态，直接和一线的优质品牌合作，构建优质产品库，再通过数字化的物流、仓储体系，把这些产品直接运送给用户，既减少了大量中间的经销环节、让利用户，也发挥集采优势，让装修公司能够为用户提供更优质的材料、提升装修公司的竞争力。比如，构建云设计生态，不仅帮助设计师和用户实现高效直接的线上沟通，更与供应链产品库实现对接，打通设计方案中的商品模型和实际的 SKU（存货单位），做到"所见即所得"。

此外，由于在资源和技术上更具有优势，对市场变化和行业的发展方向有更敏锐的感知，互联网家装平台需要扮演好引导者的角色。正如穆峰一样，基于对行业和用户的充分调查和研究，齐家网对行业的现状及未来发展方向有深入的认知，并不断通过培训、研讨会、赋能等方式引导平台商户转变经营策略、确定转型升级的方向、提升竞争力。

新的家装产业链正在重塑，大家都意识到了传统家装存在的问题并积极寻求解决方案，这是一个可喜的现象，但是，就目前来说，尤其是疫情之后，随着家装消费者对数字化、高效率家装服务的需求越来越强烈，家装产业链的重塑必须要加快进程，而这需要产业链各个角色加强融合互通、齐心协作，多去探索一些创新的跨界合作方式。

行业有穆峰这样的有识之士，有主动承担责任的家装平台，有不断革新技术的设计平台，也有众多积极求变的装修公司和建材品牌商，我相信，家装行业的未来充满希望！

推荐序二

家装行业如何高质低价？ "好的装修，其实不贵"战略的三大抓手和四个实施策略

积木家董事长　尚海洋

穆峰老师又有新作要推出了，在听到这个消息时，正值凌晨。我连夜反复拜读穆老师新作，书中对行业的预判和分析对我启发极大。身为家装行业从业者，近几年虽然我自认为对行业发展也颇有研究，但穆峰老师之所做，我虽不能为，但心向往之。非常有幸第一时间阅读此书原稿并受邀做序。借此机会，也对积木家在近十年全国100多城终端门店运营上的一些思考进行分享。

一、积木家所有战略围绕八个字展开：好的装修，其实不贵

好的装修花钱就能买到，但积木家希望做大多数年轻人买得起的好装修！这是积木家从宜家学习到的一个非常重要的商业理念，也是我们这个团队创业十年来一直坚持的一个信念。

积木家的前身——我要装修网，2009年从建材团购起家，通过团购的形式帮业主用更低的价格买更好的建材产品，我们当时就提出"让业主便宜方便放心地买材料的要求"，团购现场用户只用交一百元订金即可预定活动优惠，同时享受"三个月不满意随时退订，买贵十倍返差价"的权益保障。通过这种模式，仅三年我要装修网分站就覆盖了80多个城市，积累了7000多家供应商，每年的交易规模高达20亿，最终实现新三板挂牌。

但在 2014 年我们发现只解决用户购买材料的需求远远不够，业主要住进去还得自己去整合设计和施工，既不方便也很容易被坑钱且消耗精力，所以我们就把材料和设计施工整合在一起，重新做了一家公司，就是现在的"积木家"。2017 年我们又推出了一个子品牌"三步成家"，把家具软装也整合进来。我们发现每整合一次，难度就增加一倍，但用户的购买成本持续下降而装修体验持续提升！

我们最后总结出一个重要的方法论，就是以用户为中心做事情的大方向一定错不了，我们希望自己能成为一个用户驱动型的公司，这十年的公司发展史其实就是一部以用户为中心的产品迭代史。

积木家产品进化史——一部以用户为中心的产品进化史

二、"好的装修，其实不贵"战略的三大抓手——"好"产品＋"低"价格＋能挣钱

1. 什么是好的装修产品？

关于好的装修产品我们总结了三个核心要素：看起来酷，用起来爽，算起来值，这个和电商行业的"多快好省"是一个逻辑，都是用户的基本需求，没有一个用户会说我要效果好看，不在意住进去是否舒服，更没有人不在意装修结果和花费之间的性价比，所以这三者一定是判断装修产品好与坏的综合标准。

如何做到**"看起来酷"，也就是效果好看**？积木家有四套设计系统，分别从配色、风格、材质、造型四个维度做一对一的分析评估与适配，既能保证满足用户的个性化需求，也能保证整个家里的硬装到软装甚至一个垃圾桶都是做过有效搭配管理，保证装修效果输出的协调统一。

如何做到**"用起来爽"，也就是功能强大**？日本对人性居住研究颇有建树，为此积木家专门在日本成立产品研发中心，打造了从门厅、客厅到阳台等全屋10大空间里的75项的人性化功能，满足全家每位成员10年内的生活需求。

如何做到**"算起来值"，让多数人都能买得起**？积木家希望做到更高品质，但一半价格。目前装修的价格体系只有两种——低质低价或高质高价。我们认为这两种体系都不创造用户价值，只有做到高质平价，甚至高质低价才是真正的用户价值，如果能把20万元的装修品质，做到10万元以内的价格，这才是中国多数的装修业主都能买得起的价格。

积木家对好的装修产品的定义

2. 不贵的价格是靠烧钱补贴或者低质低价来实现吗？

积木家认为要实现**"不贵的价格"一定是靠在整个产业链中去做成本和效率优化，把装修行业50%左右的损耗环节找出来，把省下的钱还给用户。**

我们团队做事特别信奉"站在未来看现在"，我们希望能做一件现在可能很辛苦，但未来十年后很厉害的事情，我们坚信良性且长久的商业模式一定是能解决社会问题的模式。

装修行业最大的问题是什么？那就是装修的毛利很高但损耗也很大，钱都花在了经营和营销上，业主很亏，十万多元的装修费用真正用到装修部分的只有5万～6万元，装修公司自己其实也并没有赚到钱，高毛利、低净利是这个行业的最大特点，所以我们提出了一个目标——让用户为结果付费，不为过程买单，装修公司靠低毛利、高效率去挣钱。

用户交给我们的钱分成两部分，一个是产品成本，一个是经营成本。产品成本就是用户可以用到自己家里的设计材料施工等看得见、摸得着的装修花费，而经营成本就是指我们的营销、获客、房租、人员、管理运营等和用户价值无直接关系的花费，在积木家有一句话叫"在不创造直接用户价值的环节极度节俭"。比如积木家的标准门店，面积都控制在150～300 ㎡，团队成员控制在8～10人，可是平均年营收均可达到1000多万元，能做到这点是因为积木家以一种新型的组织形态来实现全国门店运营——"大后端，小前端"，在积木家总部有300人的专业赋能团队，把很多职能通过共享的方式开放给全国门店，既不丧失专业能力，又保证前端门店的人效和坪效控制在我们要的标准范围内，最大限度地控制经营成本。

积木家成本结构——"定两头，砍中间"，通过低毛利高效率去挣钱

3 好产品＋低价格如何赚钱?

利润是一个企业发展的基础，积木家希望通过更低的毛利但是更高的效率去挣钱，先优化效率，然后把省下的钱一部分作为利润，一部分通过有优势的价格还给用户。

积木家认为装修行业的创新一定要围绕"效率"和"成本结构"做创新，所谓的互联网也应该是指向产业互联网而非消费互联网，要深入产业链中的每一个环节中去提高效率优化成本。我们内部特别推崇服装行业的自有品牌专业零售商经营模式（Specialty retailer of Private label Apparel），简称 SPA 模式，比如优衣库，就是从产品的研发开始，然后到生产仓储物流零售等等全流程去做产品质量的控制和成本的控制，但传统装修的本质只是流通和中介，而没有去优化任何一个环节的体验和效率，当然这和公司规模带来的能力有关，最早 711 改变连锁便利店行业就是把所有的夫妻店整合起来，只用其原来门店的地址，但里面卖的货和流程全变了，产品更好、效率更高！ 其实积木家想做的事情就是把优衣库和 711 的逻辑在装修行业复制一遍，为此我们专门定了四个策略。

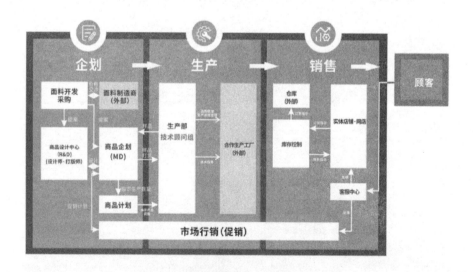

优衣库的 SPA 模式

策略一，用四级规模倒逼效率最大化。

我们认为"没有规模的效率没有意义，没有效率的规模等于慢性自杀"，但在积木家所谓的规模并不是指全国有多少门店，而是要形成四级规模优势——全国规模、同省规模、同城规模、社区规模。

全国的规模只能影响到你的采购成本和赋能成本，只有同省的规模才能影响到你的仓储和物流成本，而一个城市的规模会让你的服务成本和品牌传播成本最小化，小区的规模会让你的交付成本和服务成本最小化。

我有一次去日本考察，发现一条100米的街上停了10辆非常小的冷链配送车，一问才知道他们是为了能在5分钟之内把便利店所需的商品及时上架，但如果没有区域内的门店规模做支撑，这个效率是实现不了的，这就是一种类似蜂巢的逻辑，只有区域内有足够多的门店布局，才能用规模换来效率，高效率就可以帮我们省下冗余环节中的成本。

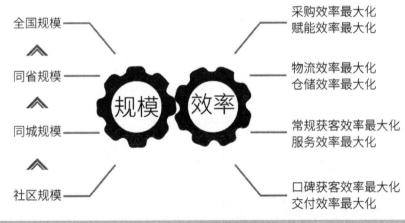

积木家四级规模体系

策略二，用S2B2C的逻辑实现门店运营成本最小化。

在门店的经营方面我们坚持"夫妻店的效率，711的规模"，我们认为全世界最高效的商业模式一定是夫妻店，但夫妻店既做不大也不专业，针对这样的状态，以S2B2C的模式即"赋能端＋门店端"去服务C端用户，这样既能拿到B端门店最高效的运营效率，又能共享 S 端的赋能能力，通过赋能端压缩不创造直接用户价值的隐性成本，总部负责标准研发，全面提升效率，降低门店运营成本，比如我们的获客、转化、签约等环节都有相应的标准流程，通过后端的赋能人员职能共享，最终实现前端运营人员成本的最小化。

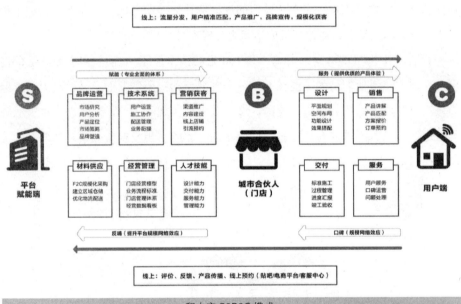

积木家 S2B2C 模式

策略三，用全流程标准化实现快速复制。

餐饮行业能快速复制而装修行业为什么不行呢？因为餐饮行业从餐桌到厨房的距离只有 50 米。在这 50 米之内，服务员做什么动作、说什么话其实很好规范起来，标准化首先是要场景标准化，其次是工具标准化，但我们往往特别喜欢把人的思维及反应认为是标准化的，我们把装修的全流程装进五个场景界面中——品牌界面、咨客界面、销售界面、设计界面、交付界面，比如我们做销售界面的标准化，就是在 300 平方米的展厅里面把近 400 多项产品的价值呈现出来，而积木家的销售人员只要花 30 分钟时间去给用户演示或者引导用户自己去门店体验，通过实际场景测试，我们发现两小时之内即可培养出一个可以达到 60 分及格水平的客户经理，积木家门店的每个角色都有标准化的流程和工具，所以用很少的人和面积就可实现用户的全体系服务。

积木家标准展厅

策略四，用数据化来倒逼费用控制能力。

积木家有一项非常重要的能力——能算清楚"账"，为什么这么说呢？

家装行业是现金流非常大的一个行业，众多的企业倒闭或者亏损大多是因为算不清楚账。在积木家每年、每周、每月的账目都清晰可见。每天早上 8 点，门店的经营机器人会把门店的业务数据和经营数据推送到各个门店负责人的经营驾驶舱里，每个人的业务转化效率、经营费用、经营利润全部实时可见。一个门店有多达 50 项数据，只要任何一项数据不达标，系统就警示直至优化到正常指标，让数据可视化，让效率最大化，避免因为粗放经营所产生的高毛利、高损耗的恶性循环，把省下的钱通过有优势的价格还给用户，实现良性循环。

经营报表推送
周、月、年度报表清晰可见

经营业务分析
覆盖经营业务环节50+项分析

标准服务流程
流程可视化，效率最大化

积木家的数据驾驶舱

以上既是积木家这几年的核心经营战略，也是积木家能够顺利崛起、逆势成长的关键因素。想要了解更多积木家在经营管理方面的具体方法，可以在本书看到更详尽的介绍。

对众多家装创业者来说，我们所渴望的，是一本可以解决实际经营过程中问题的实战系统指南，是一把能够驱散我们内心迷雾和破解困局的利器，是一本站在行业最高处对整个行业发展方向进行预见的战略性巨著。而穆峰老师的这本书系统性地对整个行业进行了分析，结合实际案例全面进行拆解，是对近几年行业内众多知名企业发展战略的集大成之作，值得众多家装创业者探究！

目　录

第一篇
家装互联网化的产生背景

第1章 混乱、低效的传统装修行业

家装行业的现状：浑身都是痛点

装修公司：论"中介"的劳民伤财

设计师的"尴尬"

工长的"江湖"

无奈的材料商

家装行业为何如此低效

■ 家装行业的现状：浑身都是痛点

一、二线城市有成千上万家家装公司，家装行业又是劳动密集型产业，有标准难执行，人员绩效的考核方式决定了签单大于一切，用户服务和体验被忽视。家装公司在城市中扩张复制成本高，大都只能做一个区域型公司。

在传统中小型装修公司里，设计师等同于业务员，职能不是设计而是销售，打着免费设计的旗号却做着推荐材料的事情，靠销售提成和主材回扣挣钱，不是为用户服务的，非真正的设计师。这也使得用户认为家装公司的设计水平不高，不会为设计付费，家装公司也就很难有好的设计师，长此以往，形成恶性循环。

建材商家的日子也不好过，为了获取客流，要为家装公司或设计师支付返点、回扣、房租分摊费用以及公关开支，就算每月不赚钱，这些成本也不会减少，最终会转嫁给用户。另外，由于建材家居卖场售价太高和销售渠道单一，此前采用交易撮合模式的我要装修网、城市团购网、一起装修网等推出的建材团购模式备受业主欢迎，提高了价格透明度。

对于施工，传统中小型装修公司都是分包给工长，对施工服务的承诺是不靠谱的，因为这项工作主要依赖于人，与家装公司业务人员的热情程度和服务态度没什么关系。

通常，设计师与项目经理 (施工工长)、监理同属一家公司，是一个利益共同体，在施工过程中遇到问题也会互相包庇，共同劝说业主变更方案，做高造价，很难保证他们传达的信息的真实性。即便再优秀的设计师也会因设计费提成模式而被潜规则，再好的设计方案最终也难实现。

总之，传统装修公司高度依靠人力运营，而非制度或体系。供应链采购成本高，销售型设计师做的设计无设计感可言，施工分包猫腻多，增项漏项不断，在主材、辅料上偷工减料，既不环保也不安全，**导致价格、设计、材料质量、工期、装修效果都不确定，且 30% 以上的毛利耗在销售和管理成本上，维持低利润，在盈亏平衡线上挣扎，只会把钱花在签单之前的所有环节，无法推动行业向前发展。**

■ 装修公司：论"中介"的劳民伤财

传统装修公司是"二道贩子"？

传统装修公司一直被认为是中介，甚至被说是"二道贩子"。它们通过线下集客拉单，由设计师谈单转化，签合同后，以固定的分包价将施工承包劳务公司，劳务公司又包给所在小区的工头，工头又包给下面的工人。还有的家装公司是分包给挂靠劳务公司的大工长，大工长再转手给小工长，最后才到工人。

管理链条的增加降低了管理效率和管理的准确性。所有终端工人面对管理人员都会出现一个问题，不听指挥。因为终端工人面对的人并不是真正给他钱的人，给他钱的人并不参与整个管理环节，导致用户装修的体验非常差。

另外，在材料上由于单个城市的合同量少，家装公司一般只跟当地的材料商合作拿货，这里的水分就更大了，从厂家到省代，再到区域分销，再经装修公司后才到用户，层层加价。

可以看到传统装修公司的施工、材料都存在"中介化"，在对装修最终结果负责及责任追溯上存在一些问题。因为一同分包出去的还有利益和责任，结清工程费后一旦出现质量问题，售后服务不到位、不及时，也就无法真正做好用户体验。

这可以用"劳民伤财"来概括。劳民，就是装修过程复杂烦琐、装修材料种类繁多、装修过程不顺畅等；伤财，先得花一大笔钱，但信息不透明，存在各种漏项，合同签4万，最终花费了7万，增项的比例很高。

传统装修公司为了吸引用户，通常把报价压低，而家装又是非标准化服务，多数"小白"用户不知其中的猫腻。交钱之后便开始出现一系列问题，包括不断增项加钱、偷工减料、偷梁换柱、装修公司跑路等。

盈利模式无异于坑蒙拐骗

有一个笑话：患者要做手术，嫌手术费太贵，医生就说有便宜的，只要100元，患者就选了。开始手术了，消毒费300元、打麻醉500元、术后缝合2000元，每项都得要，没办法，只能加钱……

正如传统装修行业首先用价格战、低价套餐吸引客户签单，施工后不断变更、增项，业主在施工中贪小便宜吃大亏。家装后期增项一直是这个行业的顽疾，这也构成了主要的盈利点，步骤如下。

（1）打低价牌，又将设计做得复杂些，最好让用户不好比价，但又觉得性价比高，于是打出了类似于"90平方米家装28800元全包，拎包入住，还送万元家电"的广告语。往往被这些吸引的业主都是想贪便宜的人。

（2）销售人员进行小区扫楼，用人海战术发传单，在传统媒体打广告，买业主电话信息，再投放百度竞价，等等，用高额的成本获取用户。

（3）设计师在客户上门签单时，优先推销高回扣材料，不顾客户的需求，会用各种理由说服客户。另外他们会说价值多少元的设计费也免了，但报价单中连吊顶和电视墙都不含，哪里需要什么设计？

（4）施工猫腻多，常见伎俩是在套餐里漏防水、漏回填、漏铲墙（有的房子不需要）、不含吊顶和造型、漏找平……还有水电施工，说是实测实量，但往往通过功能或布局改造水电后，1万元以上的水电工程家装企业能拿走5000元利润。

（5）材料水分很大，用的都是最差的，就算是名牌也是特价打折款的低端产品。

某知名设计公司这么做，施工报价透明，人工辅料单价公开展示，因为设计方案已确定，可以精准报价，承诺预算等于决算（除变更方案外，包括水电一口价包干），承诺多退少不补。如因施工方漏项、面积计算错误产生的增加费用，业主方可拒绝支付；因业主方失误多报而增加的费用，施工方则无理由退还。

■ 设计师的"尴尬"

设计师＝业务员

其实在传统的装修领域，设计师大都是销售员，也就是设计水平较低的绘图员。甚至有的设计师签完单没去过工地，也拿到了佣金。他们的收入主要来自签单奖金和材料销售的提成，主要任务就是签单。

有这么一个段子：销售型设计师都是看客户下单，同样是 100 平方米，看你开宾利，报价 30 万元；宝马就报价 15 万元；若是乘公交的，就报 6 万元。

听起来有些夸张，但事实就是这样。设计师带用户去线下店购买装修材料时，考虑更多的往往不是性价比，而是多拿提成。设计师都在装修公司旗下生存，每个月都有固定的销售指标。

在以销售为导向的家装公司里，设计师的底薪少得可怜，也就三四千块钱，要想多挣钱只能拿销售提成。

免费设计为引流，精力全在签单上

传统装修公司往往打着免费设计的幌子揽客，用 3 天赶出来的设计方案吸引用户草草签下施工合同，这样的方案后期会不断地产生变更、返工。

"天下没有免费的午餐，羊毛出在羊身上"，传统装修报价隐含设计费，通常家装公司的设计师提成是工程合同价的 5% ～ 10%，这样必然会导致设计师把重心放在签单上，哪有心思去考虑设计细节。

事实上，真正优秀的设计师的设计费高达每平方米 300 ～ 2000 元，很少有人愿意为 100 平方米的房子支付上万元的设计费，这种业务主要针对样板房或者高端豪宅。

普通设计师的设计费按照每平方米 100 ～ 300 元计算，一个方案的设计需要好几天时间完成,设计师能从设计费中获得40% ～ 60%的提成。不过设计水平低的方案用户难以买单,设计师的主要收入来源还是销售提成。

优秀的设计师在传统装修公司的环境里是很难生存的,首先从绩效考核方式上就改变了工作重心,不是设计服务,而是销售;其次从营销上也是通过免费设计和低价吸引客户加速签单,就算好的设计方案也没有设计费;最后作为设计师一般多少有些情怀,没有成长空间,无用武之地,内心感受上很憋屈。

■ 工长的"江湖"

工长承担家装公司的劳务中介工作,组织工人施工、进行项目管理,为工人提供工作。其价值和作用对目前的家装行业来说不可替代,但其仍处在装修价值链的底层。

不管用户与家装公司签订的是整包合同,还是半包合同,工长只拿走实际工程费。如果签的是整包合同,家装公司拿走合同款的25% ～ 35%,再扣除主材辅料费,实际工程费只剩25%。家装公司的毛利可以达到45%以上,在销售上就要花费30%,其税后净利润只有5% ～ 7%,大部分被消耗在无效率的营销和管理中。

以10万的整包装修预算为例,只有5万是用在了房子上面。大致分配是材料费6万,施工费4万,家装公司要拿走施工费的35% ～ 40%,剩下的刚够施工。工长得挣钱,家里的孩子和媳妇还等着钱过日子呢,怎么创收?

第一,水电改造是最大获利点。比如开发商留的是离地30厘米的插座,沙发、电视柜、床头柜等一摆上就挡住了,得挪吧,卧室再加个双控,书桌下面、马桶旁边加插座,水电线路要改为从顶上走……通过功能或布局的改变来改造水电,一来二去,1万元以上的水电工程能拿走5000元利润。

第二,偷工减料,能用便宜的绝不用贵。比如在辅料上很容易动手脚,原来用美巢腻子粉,装修公司也采购了,但可能会被工长和供应商串通换货,所得利益双方瓜分。

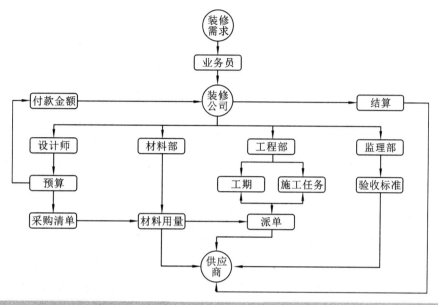

传统装修的施工模式

第三，诱导业主做不必要的增项，而收费没标准，混乱不堪。增项的收益，工长和装修公司一般是二八分成。讲个笑话，某人装修完后发现清单列的空调打孔很贵，就问："当年我爸装修老宅子的时候空调打孔也没这么贵呀！你这怎么这么贵？"工长说："贵是有原因的！"业主问："什么原因？"他想了想说："我们打的孔更圆一些。"

事实上，很多工长只看眼前利益，在没有监管和标准约束的情况下，干活儿纯粹凭经验和良心，施工质量参差不齐。

■ 无奈的材料商

知者家装研究院的数据显示，2019 年中国建材家居产业的市场规模达到 4.8 万亿元。其中，在建材家居 60 余种品类中，就有 9 种或 10 种品类的市场规模达到千亿，不可谓不大。

但建材家居经销商的日子也确实不好过，被家居大卖场欺压已久，曾经市场太好做了，赚钱容易，卖场以为都是自己的功劳。以致于这些品牌动不动就被提出不合理要求，比如交纳几百万保证金，必须交纳高额广告费等，甚至被卖场捆绑在肆意扩张的"战车"上，一轮又一轮地冲锋陷阵，最后成了炮灰。

为了家装公司能出货，材料商还花费大量的公关成本，即使一个月只能卖一两单。所以很多材料商也自谋出路，跟团购会合作，但也会面临卖场的封杀。

如果是厂商的话，则会开拓新的销售渠道，不能仅仅依赖传统线下零售，比如跟装修平台或公司合作。这里有两种方式：一是和家装交易平台合作，二是和家装公司合作。

前者除了找经销商代理，也会在第三方平台开店，谋求更大的销售额。这需要除了围绕用户需求进行迭代，相应的推广和销售渠道也要迭代。

后者如 TATA 木门旗下独立运作的年轻化品牌派的门，定位于高品质的高性价比木门，自 2012 年上线以来，将目标客群对准一、二线城市中高收入的 80 后、90 后。作为业内唯一一家互联网木门品牌，派的门没有线下门店，在渠道上跟众多家装公司合作，成为其木门的独家供应商。

总经理谭萍说："2018 年我们的合作伙伴减少了 20%，业绩却增长了 39%。"这是怎么做到的？

派的门通过大数据分析了解核心用户需求，并据此确定产品细节设计，解决产品研发问题；再依托 TATA 木门的原材料采购体系、自有生产线和成熟的工艺标准体系，实现快速批量生产和产品标准化；在最难打通的安装服务环节上，则投入更大精力打造自有安装团队和完善的服务体系，实现全国各地的高效安装。

另外，派的门坚持"先付款"原则，避免了坏账。所选择的优秀家装公司，如一起装修网、梵客家装、橙家等在业绩增长后也带动了派的门的产值。当然这样也会筛掉一些合作伙伴，因为对毛利极低的派的门而言，一旦货款收不回来，将会有极大的经营风险，得不偿失。

■ 家装行业为何如此低效

产业链上每个链条都在病态运作

传统装修公司在产业链条上充当了一个类似吸血鬼的中介角色——对设计、施工和材料都缺乏有效整合的能力，只能用低价吸引用户；投放各种广告，以高成本获取用户信息；培养销售型设计师让用户签单，推荐回扣高的材料；施工分包给工长，增漏项不断，用户在至少90天的施工周期内不断遇到麻烦。

传统装修公司的员工绩效考核方式决定了签单大于一切，低价揽客、后期增项，导致较差的用户体验；销售型设计师以卖材料为主，对于他们说的话，用户怎辨真假；施工质量主要依赖工长的人品；材料商销售成本高，利润空间被各方挤占。

造成传统装修痛点的根本原因

所以说，传统装修公司让产业链上每个链条都在病态运作，一个中介做到如此地步，让人无言以对。风声一紧，资金链一断，跑路，跑路，用户在咆哮！

家装市场化程度低，行业太低效

这个行业看似竞争很激烈，线上烧钱做广告，线下扫楼推销，还雇人在路边邀人扫码……其实这都是表象，并没有充分竞争，行业效率太低。

试问，哪个充分竞争的行业用户体验如此之差？被坑被骗，花不少冤枉钱，还可能当"孙子"；过程很不透明，毛利太高，但利润很低，销售及运营成本高得离谱；施工、供应链下单及材料配送的沟通成本太高；等等。

关键是做得不好，口碑很差，还有钱赚，不愁现金流，中国现在还有哪个行业会是这样的？还有哪个行业只要税费规范、给员工缴纳社保就会亏损……

在一线城市，正式注册的家装公司有几千家，"杂牌军""马路游击队"数以万计，他们绝大部分的时间与精力耗在获取用户上，这种劳动密集型的服务过程，导致"人工效率"很低。

另外，因为市场环境的原因，没有一套有效的方法让用户挑选、甄别家装公司。用户需要通过品牌知名度选择公司，小公司没有能力做广告宣传，只能转而打起价格战，低价却没有品质保障，更无法吸引用户为其进行口碑传播，陷入恶性循环。

从本质上来看：

效率太低、无法规模化的根本原因就是传统家装行业采用服务导向型商业模式，完全依靠人进行手工化、非标准、一对一的装修服务，每个要素都有极大的不确定性，根本难以规模化复制。

第2章 "要离婚，就装修"，装修用户的解析

防不胜防的装修陷阱

装修业主的三大痛点

家居生活、房地产和装修需求的变迁

家装用户消费的五个层次

主力装修用户的消费特征

后疫情时代的装修需求特征

业主从买房到入住的需求变化

■ 防不胜防的装修陷阱

"如果你爱一个人，就为他装修一套房子；如果你恨一个人，就让他去装修。"

一份装修行业的业主满意度调查报告显示：有78%的装修业主遇到过由增漏项产生的加价，主要是材料和施工；有55%的业主遇到过在装修完工后，出现的质量问题得不到保修的情况。

而一些家装创业者也正是因为多次"被坑"后，才炼成百毒不侵"神功"，并改造起了传统装修行业。

积木家创始人尚海洋在家装行业从业10年。"从装修公司、工程队，到设计师都想从中扒下一层皮。"在尚海洋的记忆中，用户就像一只羔羊，周围全是狼。这么多年来，形势一直如此。

尚海洋经历过三次房屋装修，曾开办过装修材料团购网站。即便经验如此丰富，他依然有着被坑的"血泪教训"。最为刻骨铭心的记忆发生在第二次装修，当

时长相憨厚的工长信誓旦旦地对他说:"你放心,我这次不挣你的钱。我要把你这个项目打造成样板工程。"后来发现,这个样板间的初始报价毫无意义,还有一半的工程费未算入其中,实际花费比初始报价翻了一番。

他遭遇的是装修行业最为常见的"坑":先漏项,再增项。装修公司为了吸引业主,通常把报价压得很低,家庭装修本身又是典型的非标准化服务,多数"小白"业主不知道其中的猫腻。交钱之后便开始出现一系列问题,包括偷工减料、偷梁换柱、装修公司老板跑路等。尚海洋家的实际刷墙面积比原来预估的多出一倍。更为夸张的是,5个卫生间给出的是90平方米的防水预算。

时隔多年,尚海洋依然记得那位杨姓工长。疲惫不堪的尚海洋当时还问他:"你看我对你也不错,你为什么把我的家装成这个样子?""当时报价,你们要比价,那个价钱本来就没有利润。"工长告诉他,"钱大部分被装修公司拿走了,你让我的这帮兄弟怎么办?"

三次不愉快的装修经历让尚海洋发誓要做一个简单、透明和高性价比的家装产品,于是秉持"好的装修,其实不贵"这一理念的积木家诞生了。

同样,媒体报道显示有住董事长、少海汇创始合伙人杨铁男第一次装修就遇到了三个问题。

(1) 选了一个心爱的橱柜,但这个没有品牌的橱柜味道大到好像住在化工厂里面。

(2) 蹲在厕所看手机,看着看着突然一声巨响,卫生间四块砖齐刷刷地掉到地上。

(3) 装修花了十几万,还差几百块尾款没结的时候出差了,工头威胁他"回来会看到家里墙上门上都布满××"。

如何确保装修材料的环保性?施工质量怎么保证?还能不能获得好的服务体验?对这三个问题有切肤之痛的杨铁男下定决心做重度垂直的家装互联网化产品。

这让我想起了Uber的诞生,2009年,卡兰尼克与朋友在巴黎玩,因苦于打不到车才有了开发一款打车应用的念头,将用户需求和提供出行服务的司机连接起来,用户只需通过App一键发送打车请求,便会有车就近接送。卡兰尼克说:"联邦快递承诺第二天把货物送上门,我们5分钟就可以做到。只不过我们送的货是一辆豪车，它可以把你带到任何想去的地方。"

笔者主导策划过一个《痛苦装修何时了》的动画视频，将传统装修的猫腻说得入木三分，网上有，不妨看看。

一个 96.78 平方米的房子，总预算 28840 元

交了 50% 的预付款

水电预收 2500 元

哎，还不错嘛

什么，不够了再补 1000 元？

好吧，刚补完转身

怎么还要再加 2000 元！

水电终于施工完了

我的国标水电呢？（低品质，非环保）

防水花了 2000 元？

铲墙皮 2200 元、墙皮拉毛 1600 元、挂网 340 元、倒角 520 元、包立管 680 元、地面走平 8 厘米 2700 元、门洞修整 460 元、开孔 210 元、踢脚线安装 900 元、石材安装 260 元、油漆升级 1900 元……

天啊!!!

预算翻番了？？？

去找装修公司理论吧

什么？转包给工长了？

可这工长我上哪找去？

有一种文件叫作合同

可是再详细备注……对你只是有字天书啊

隐蔽工程难举证

诉讼之路很艰难

工程有问题僵持不交款？

那就等着停工吧

此外，设计师保证 35000 元左右全部解决

你是否想说难道那天你耳朵被塞住了吗

为啥 49000 元了还停工着

真是无良奸商啊

如果你认为这就完了，那就大错特错

主材还没买呢

这成天加班还得东跑西转

想货比三家只能反复请假

总算买了，麻烦又来了

预约送货、安装

没个三头六臂分身术

想搞定还是歇歇吧

月底再一算工资？

奖金？（扣了）全勤？（飞了）

整天请假老板没想法？

娃娃，你是装修变傻了吧

■ 装修业主的三大痛点

业主的装修痛点很多，从行业本身来看就是价格不透明、毛利高、乱收费、装修质量无保障以及材料假货横行且昂贵。

"要离婚，就装修"

家装产业链涉及设计、报价、施工、材料、监理、家具、验收等众多要素，链条过长、牵涉环节过多，存在着很多的业主痛点。

一是家装报价不透明，用户必须预付款，存在高额回扣、返点等行业潜规则。

二是装修材料价格高，毛利空间大，而且业主对材料质量没信心。

三是施工品质难保证，层层分包导致装修队伍多为临时拼凑，偷工减料、以次充好等导致装修质量问题太多。

四是争议纠纷多，投诉解决难。

这些痛点就形成了装修业的雷区。"要离婚，就装修"这句口头禅成为无数家庭装修痛点的生动写照。而从业主自身来看又有以下三大痛点。

一是需求不清、一知半解。

装修消费是家庭消费里面最复杂的一项。找设计、挑施工、选主材、等安装、售后服务等流程漫长、烦琐，且需要一定专业知识，调查显示，99%的人不知道怎样去装修，装修对他们来说太陌生了。就算有人有精力为了一次装修去刻苦钻研一段时间，自以为懂了，其实是一知半解，因为这行业水太深了，还是会被装修猫腻套进去。

二是持久鏖战、身心俱疲。

装修的业主经常会打电话跟工长沟通：师傅，你能不能帮我去一趟五金店？师傅，你能不能和物业协商一下？师傅，你能不能帮我签收一下电器？师傅，你看暖气漏水是谁的问题？师傅，我家甲醛超标吗……但凡装修过的人都会有共鸣，一场装修下来，堪比一场持久鏖战，让人身心俱疲，光去新房就至少几十趟，向公司请假也有十来天，费心、费力、费钱。

三是选择障碍、稀里糊涂。

"品牌论"曾有这么一个论断：越是无知的人越重视品牌。因为信息不对等，买的人不如卖的人精明，只能用品牌进行取舍。这里的"品牌"就是信任，也就是好的口碑。

而在家装领域，一是透明度差，业主看非标定制就是雾里看花，看不明白；二是超过一半的家装业主在消费过程中受到欺诈而不自知，可见猫腻之多。

即使选择稍微大一些的公司，也会在复杂的装修过程中马失前蹄，业主就算不满意，能马马虎虎说个"就这样吧"也算烧高香了，如果再想"喜大普奔"，那真是少之又少，也无法形成口碑传播的群体效应。

总而言之，业主的核心装修痛点有两个：一是业主不懂装修，属于陌生消费，不知道怎么装修；二是家装产品消费是家庭消费里最复杂的，用户不知道找谁能让自己放心。

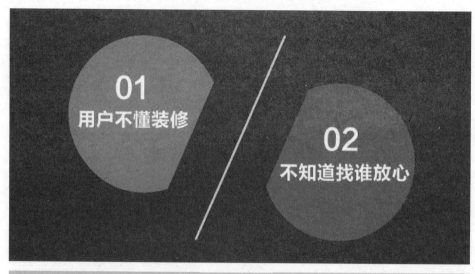

装修用户的痛点

将业主的装修痛点转化为诉求就是：因为不懂，你要装好；因为复杂，别骗我钱。业主如果能碰到一个责任心强的项目经理，那样装修质量才有保障。在选择家装公司时，业主大多就像古人看天吃饭一样，抱着一种"无能为力"的心态。

■ 家居生活、房地产和装修需求的变迁

家居生活的年代变迁

20 世纪 60 年代的婚房没啥讲究，也不需要设计，家具以木制为主，斗柜、毛泽东画像以及墙上的木制相框都是必备品。

20 世纪 70 年代基本延续 20 世纪 60 年代的风格，但开始兴起自制家具——九件三十六条腿，缝纫机、自行车和手表作为三大件开始成为结婚必备品。

结婚必须有的一套家具在 20 世纪 70 年代初简称为"三十六条腿"。就是一套家具，包括方桌一张、椅子四把、双人床一张、大衣柜一个、写字台一张、饭橱一个，正好是三十六条腿。几年后又时兴中橱、沙发、茶几、床头柜，也就增加到了五十六条腿。

20 世纪 80 年代，家电开始普及，电冰箱、洗衣机、电视机成为新的结婚必备品。

总体来说，20 世纪七八十年代颇具中国特色的住房样式就是筒子楼 —— 房子光线大多不好，也不隔音，走廊很长，厕所和厨房可能都是公用的。那时过道上的脚步声在房间里总能听得很清晰，一到吃饭时间楼道里就油烟飞溅、人声鼎沸，谁家今天做什么菜看得一清二楚，私密性很差。

那时的人们对装修没啥概念，墙面也只有绿色或蓝色的墙裙，条件好的会用木质墙裙，并在地上铺软质地板胶。那时也不重视隐蔽工程，线管通常都是外露的，没什么美感可言。

20 世纪 90 年代，家电逐渐普及，彩电、冰箱已不新鲜，空调、音响、DVD 等新家电逐渐走入各家各户。家居布置也从简单的桌椅转为皮质沙发或红木家具。

而装修上大部分人偏爱实木，家居建材多以木质为首选，倾向用原色实木进行装饰，如包门、包窗台。装修风格笨重，当时也缺少专业设计师，装修风格也就千篇一律。有钱人家则偏向金光闪闪的装修，喜欢罗马柱、复杂吊顶，装修烦琐。

经济条件改善后，人们也开始重视室内装修。随着时间的推移，房子逐渐成为结婚必备品，对婚房的装修也开始有诸多要求。家具不拘于单一的材质和款式，也有了不同风格的装修设计。

从房产发展史看家装的进化

房地产的发展对家庭装修产生了深刻影响，在不同阶段影响着装修业主的需求和预期。

1978 年，理论界提出了住房商品化、土地产权等观点。

1980 年 9 月，北京市住房统建办公室率先挂牌，成立了北京市城市开发总公司，拉开了房地产综合开发的序幕。

1982 年，根据国务院部署，北京、上海、广州、深圳四城率先进行试点售房，这意味着中国房地产行业的市场化改革正式起步。那时诞生了一批建材品牌和家居卖场，包括成立于 1986 年的红星美凯龙。

那时与房地产紧密相关的家庭装修的主要形态是人工与材料分离的清包工模式，市场主体是设计师和包工头，而装修业主就需要往返于家和建材市场，到处奔波，累且辛苦。

之后，随着生产力的提升，装修终于有了图纸，不过是手工出图，水泥、砂子和涂料等轻工辅料也有了专人包办，但建材市场业主还得跑，如何装出一个家，大家没太多概念。

1998年以后，随着住房实物分配制度的取消和按揭政策的实施，房地产投资进入平稳快速发展时期，房地产业成为国民经济的支柱产业之一。

而装修也进入电脑效果图＋轻工辅料与主材代购的2.0时代，电脑效果图替代了手工图纸，瓷砖、地板由装修公司代购。但会出现以次充好、重复计算、偷工减料的情况，看似省心，实则闹心，客户成了冤大头。

再后来，建材家居企业纷纷上市，各产业界限泾渭分明，装饰企业也由弱变强，出现了快速发展的草莽期。

装修也有了设计＋主材＋施工的全包(整包)模式，也就是常说的硬装。客户按照硬装挑家具，依照家具选软装，但混搭出来后不好看，毫无风格品位可言，越看越像出租屋。

主力装修业主的需求变迁

装修行业主力业主的需求变化非常大，1980年算一个节点。1980年后，尤其是1985年出生的人大学毕业基本是在2007年和2008年，一毕业正好赶上房价开始猛涨，等努力工作攒了一笔钱时，房价相比此前已翻了好几倍。

2014年笔者策划制作的《没赶上》说唱视频爆红网络，主要原因就是触碰了80后的无奈和坚持，更说出了当时社会的焦点问题——高物价、高房价、高压力，80后生存压力不断增大。

这种生活环境的前后差异使得70后、80后和90后在装修上的考量因素区别较大。

首先，从对首套房的装修价格承受力来看。70后小时候生活条件艰苦，对价格敏感，希望价格低。而80后、90后看重性价比、个性化和便捷性，更看重价值，有较高价格承受力。

其次，从参与施工过程程度来看。70 后会亲力亲为找设计、跑工地、盯施工、买材料，更倾向于选择清包和半包模式，参与程度高。对于 70 后网络装修平台发挥了很大作用，可给业主推荐装修公司或者团购材料。而 80 后、90 后想省事，并不想知道哪个材料商靠谱，也不想过多介入工地管理，他们最想知道"会把我家装成什么样子""能给我营造一个怎样的生活场景"，参与程度较低。

最后，从装修风格来看。以前有 85% 的装修都是现代简约风格，而 80 后、90 后成为主力消费群体后更看重个性化，装修风格多元化，如"现代简约＋欧式""现代简约＋美式""现代简约＋中式"等风格。

农村装修市场的变化的很大，以前农村盖房花钱多，装修则能省就省。记得老家的二层楼房是 1997 年正月盖的，那时我上小学五年级，父亲用了半年多时间备料，买砖、钢筋、木材、水泥、楼板等材料。当时为了买水泥，托关系到水泥厂拉货，又去山里买木材，然后请木工师傅做门窗，招一批本村或邻村的农民干活儿⋯⋯总共花了 8 万元，当时号称村里的第二家"豪宅"，但装修很简单，白墙、水泥地面、水电管线外露，没几件家具。但是现在的农村，很多人的家里都装上马桶了。

■ 家装用户消费的五个层次

(1) 豪宅。面积为 200 ～ 400 平方米的经济型别墅或大平层，占 5%，装修消费在 100 万元以上，装修需求以奢华为导向，用户年龄在 45 岁以上，这类人群装修消费单价高，要求高，服务成本高。此类装修目前和标准化家装没关系。

(2) 改善型住房。面积为 120 ～ 140 平方米，占 30%，装修消费在 15 万～ 30 万元，装修需求以设计为导向，更看重风格，用户年龄在 35 岁以上，这类人群个性化需求多，服务成本高，标准化家装更多是尝试式切入，还没有规模化的成熟模式。

(3) 实用型住房。面积为 60 ～ 120 平方米，占 35% 左右，装修消费在 10 万～ 15 万元，包括 6 万～ 9 万元硬装，加上 4 万～ 6 万元家具软装，经济是装修导向，用户年龄在 20 ～ 40 岁，在个性化与性价比之间用户最终会选择性价比。这是刚需市场，也是目前标准化家装切入的主要细分市场。

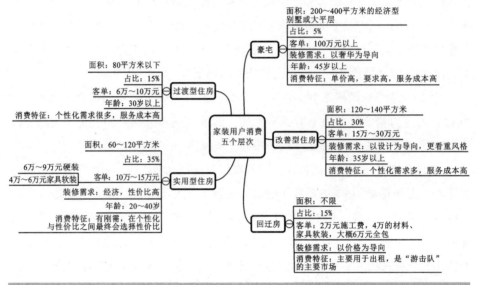

家装用户消费的五个层次

(4) 过渡型住房。面积为 80 平方米以下，占 15%，装修消费在 6 万～ 10 万元，用户年龄在 30 岁以上，个性化需求很多，服务成本高，属于标准化家装的鸡肋市场。

(5) 回迁房。面积不限，占 15% 左右，2 万元施工费，4 万元的材料、家具软装，大概 6 万元全包，以价格为导向，产品不环保，主要用于出租，是"游击队"的主要市场。

■ 主力装修用户的消费特征

1) 典型新一线城市置业相关数据。以西安为例，在有置业打算的群体中，83% 的人为 85 后，其中 26 岁以下的占 49%，27 ～ 30 岁的占 34%。这些人都是能接受互联网家装的群体，也不懂装修，从传统家装行业中解放这代年轻人，是家装互联网化的使命。

置业计划中的意向户型为 70 ~ 80 平方米的占 10.95%；80 ~ 90 平方米的占 55.23%；90 ~ 120 平方米的占 27.70%；120 平方米以上的占 6.12%。超过半数的购房者会选择 80 ~ 90 平方米的户型，说明置业计划受资金影响较大，首次置业还是钟情于相对舒适的两居或紧凑的三居。性价比高的装修产品更容易打动用户，但也要装出来好看。性价比高又好看就可以打动这部分人。

2) 据土巴兔后台管理系统数据显示，装修用户在线上使用的服务主要为查看装修攻略 (59.1%，此数据为使用该项服务的用户在所有装修用户中的占比，后同)、效果图 (46.3%) 和获取装修资讯 (35.8%) 这类信息获取型服务，也逐渐涉及找装修服务 (24.9%)、设计与报价 (21.7%)、材料选购 (9.4%) 这样的交易型服务。

3) 刚需型装修用户的调研数据。该数据由知者家装研究院综合多家公司提供的信息整理而成。

(1) 对于装修，这类用户关注的依次是预算、施工质量、材料质量、设计、价格透明、环保实用和售后保障。

(2) 选择装修公司时，如何判断其实力？超过 74% 的用户会看其他用户的评价，而非公司规模、服务用户数量和是否经常打广告。

(3) 什么样的装修方式最省心？超过一半的用户选择的是完全不用他管，装修公司一站式全部搞定，他愿意为此多付费，还有 38% 的用户选择材料和设计方案自己定，施工交给一家公司负责。不难看出，一站式全搞定更让用户省心。

(4) 如何得到满意的设计方案？ 38% 的用户想自己参与一部分设计，而想找专业设计团队的只占 36%，还有 15% 的用户会参考邻居和其他朋友的装修效果。这说明用户的个性化需求本身是存在的，就看如何满足这一需求。

(5) 怎么判断材料质量？用户看重的依次是好口碑、大品牌、有质量认证，看重超高参数的只占 7.9%，对太专业的信息，用户缺乏认知，无法直接判断。

(6) 装修前，最担心什么？用户最害怕“设计师在方案中故意漏项，后期增加费用”，其次才是怕“业务人员售前售后两张脸”。

(7) 装修过程中，最担心什么问题？有 55% 的用户担心施工团队在施工过程中偷工减料，还有 36% 的用户怕施工监理不能认真负责，掩盖问题。这些用户是被传统装修偷工减料、偷梁换柱伤透了心。

4) 业主选择装修公司的主要依据。质量和口碑是业主选择装修公司的主要依据，在被调查业主中选择"装修质量好"的占51%，选择口碑的则占47.4%。这也说明业主不是一味地要求低价，而是希望不花冤枉钱，把钱花到实处，不被忽悠。

■ 后疫情时代的装修需求特征

客户的个性化需求真实存在，而且随着客户年轻化，会越来越分散。

因为区域、文化和个性等差异，尤其是人内心世界的难以度量，客户年轻化的到来会让需求越来越分散。

客户需求的差异化最终会导致目标人群被不断细分，即产品和服务的针对人群会越来越细分，越来越精准。从这个角度来看，每一款标准化产品都很难成为爆款，因为人群是被不断细分的，而通过极致性价比难以实现商业模式的可持续化。极致性价比不一定就有口碑，没有口碑，增长飞轮就无法正循环。

再延展来看，单款产品和服务的市场规模的想象空间是有限的，也意味着企业的规模是有上限的 —— 装修公司做不大，从需求端来看是这样的。

疫情后，消费新常态是更注重价值，客群容易因价格变化而迁移。

当行业内的装修企业普遍不具备核心竞争力时，并且当市场部始终是权重最重的部门时，发生价格战是必然的。围绕着装修的各种诟病、投机行为都始于价格战。

当打价格战成为这个行业的普遍下意识动作时，对客户来说，客单价的变化带来的外部反应会是巨大的，哪怕几千元钱的变化也会成为客户选择一家装修公司的最终理由。

这和以前不一样，只要装好，客户不会在意多花1万元。但有前提：得装好，基本符合客户预期，客户之前可能被坑过，懂得装修费时、费力，还得有支付能力。

新冠肺炎疫情之后，装修消费新常态是客户更注重价值，需求更加分散。

装修企业普遍不具备核心竞争力时，装修虽然是高客单价的，但客户也会因为几千元的差异去慎重地选择装修公司，一平方米上涨一两百元，背后的目标客群就会出现迁移。

■业主从买房到入住的需求变化

1) 畅想未来新家

用户一般从亲朋邻居或线上渠道获取符合对未来生活设想的装修效果图。

2) 关注装修知识

用户通过对装修知识的不断了解，规避一些不必要的浪费和设计漏洞，逐步清晰自己的装修预算和装修需求。会关注以下内容。

(1) 不同业主的装修案例，包含装修的效果和预算清单；

(2) 装修容易忽视的细节；

(3) 装修猫腻；

(4) 中肯的专业的装修知识讲解。

3) 确定意向公司

用户通过初步了解装修报价、装修效果和其他用户的评价，与自己的预期进行匹配，筛选出 2 家或 3 家意向公司。

4) 深入了解意向公司

深入了解装修具体内容包含什么，施工质量如何，公司实力怎样，过程附加的服务与售后如何。基于这些了解，和自己的需求和预算不断进行匹配。

5) 收房

了解收房要验收哪些内容。

6) 选择家具、家电。

从价位、功能、风格等方面进行选择。

7) 确定装修公司的方式

(1) 随机确定；

(2) 限时优惠活动促使用户选择；

(3) 综合对比多家公司的价格、产品、施工和服务后，优选其中一家。

8) 量房设计

(1) 设计师能够充分了解客户的需求和房屋的现状；

(2) 在客户有限的预算范围内，设计方案能够尽可能地满足其需求。

9) 签订合同

装修的内容和公司提供的服务在合同中清晰地呈现，充分保证其利益。从合同签订起，专业的施工就交给装修公司。

10) 施工

(1) 有一个施工进度表，工程按进度表进行施工；

(2) 对施工质量，公司内部进行严格把控，去工地后不能发现什么问题；

(3) 过程中有任何需要客户配合的事项，都能够做到提前通知和及时提醒；

(4) 过程中关于其他家装的事情都能给予专业的意见；

(5) 没有任何增项；

(6) 按时甚至提前保质交付，交付的时候一一进行验收，验收的内容比客户想得还要细致；

11) 家具安装需要注意时间配合

12) 灯具、壁挂件、晾衣竿等需要工具安装的最好一次性做完。

13) 大家电安装

需要打孔等会导致灰尘较大的大家电在软装进场前全部安装完成。

14) 窗帘等装饰品安装

提供购买建议和渠道参考。

15) 入住

保障售后无忧，能及时响应，并解决问题。

第3章　线上线下一体化：O2O对家装的改造

"家装＋O2O"来袭

高效连接：家装O2O的本质

家装O2O信息撮合平台的崛起

单纯的信息撮合平台已没价值

平台模式的进化与变革

家装O2O＋体验提升＋数据驱动＝装修新零售

■ "家装＋O2O"来袭

一般认为，O2O(online-to-offline)是指将线下的商务机会与互联网结合，让互联网成为线下交易的前台，这个概念最早源于美国。这是精英的说法，而大众的说法则是：传统产业走上来，互联网思维走下去。

在O2O平台模式中，整个消费过程由线上和线下两部分构成。线上平台为消费者提供消费指南、优惠信息、便利服务(预订、在线支付、地图等)和分享平台，而线下商户则专注于提供服务。从潜力上来看，线下的生活类消费品的消费额是大于线上生活类消费品的。

online

to

offline

O2O 模式

2015 年第十二届全国人民代表大会第三次会议和政协第十二届全国委员会第三次会议上，总理在 2015 年《政府工作报告》中首次提及"把以互联网为载体、线上线下互动的新兴消费搞得红红火火"。这让从业者兴奋不已。这是政府总理第一次提及鼓励 O2O 线上线下互动消费，这对大热的 O2O 行业起了极大的推动作用。

那么，家装 O2O 为什么会成为趋势呢？

线上交易发展迅猛

通过最容易量化的网购交易额占社会消费品零售总额的比例来看。

国家统计局数据显示，2019 年，社会消费品零售总额为 411649 亿元，同比增长 8.0%；全国网上零售额为 106324 亿元，比 2018 年增长 16.5%。其中，实物商品网上零售额为 85239 亿元，增长 19.5%，占社会消费品零售总额的比重为 20.7%。

2019 年全国网上零售额占社会消费品零售总额的比例已超 25%。要知道，2010 年只有 3.3% 时，线下的书店差不多已被淘汰；2015 年达 10.8% 时，线下不正规的电子产品商城都已关门或转型；达到 25% 的话，线下更多的低效业态将会消失。

别说 25%，当一个新品类去颠覆一个旧品类时，20% 就是一个拐点，到了 20% 就会出现戴维斯双杀效应。即本来毛利 50%、净利 20% 的企业一旦丢掉 20% 的收入，意味着没利润了。

不妨看看此前一条挺火的新闻。呼伦贝尔一新华书店，一个 10 岁孩子因看书未买被撵出。店员说："这是新华书店，不是你看书的地方，不买书就出去！"有网友就说："新华书店是看书的地方，网上才是买书的地方，不在新华书店看，怎么知道在网上买哪本呢？"这也正说明了线下低效行业的尴尬。

当网上零售额占社会消费品零售总额的 25% 时，互联网对各行各业的渗透已经深入骨子里。家装行业的低效是有目共睹的，那时，整个泛家装受到的影响也很大。

从网购发展趋势来看，泛家装市场将成主角

从网购发展趋势来看：第一阶段是标准化、轻服务的产品，比如图书，当当

网火了；第二阶段是非标准化、轻服务的产品，如服装，淘宝火了；第三阶段是标准化、重服务的产品，如家电，京东崛起了；非标准化、重服务的泛家装市场是网购第四阶段的主角。

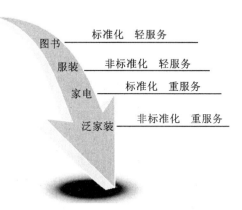

图书 ———— 标准化 轻服务

服装 ———— 非标准化 轻服务

家电 ———— 标准化 重服务

泛家装 ———— 非标准化 重服务

网购发展趋势

家装已成为本地大宗生活类电商的最后一块处女地。再加上移动互联网的迅猛发展，家装的入口价值日益凸显。

家装是在线下完成消费，有天然的 O2O 属性

正是互联网对传统行业的冲击，并有移动互联网快速发展的基础保障，以及用二维码连接本地服务和移动设备等技术的发展，使得 2013 年伊始 O2O 便进入高速发展阶段。

生活中有些消费品是不可能塞到箱子里去给消费者送出去的，用户必须到线下去接受服务，如加油站、理发、酒吧、KTV 以及家装服务等。而家装服务不透明、客单价高、周期长、过程极其烦琐，用户体验很糟糕，O2O 的天然属性极强。这在生活大宗消费领域独一份。

简单总结：**线上交易占比持续高涨，而泛家装市场是电商第四阶段的主角，家装又有极强的 O2O 属性，所以家装电商必然通过线上线下一体化思维和解决方案促成消费。**

■ 高效连接：家装 O2O 的本质

O2O 不是完整的商业模式

先说 O2O，很多人将 O2O 看成是一场技术革命，**它更多的是一种线上线下一体化思维，是商业工具模型，而非完整的商业模式。**

通常在实践层面，单一 O2O 模式并不适用。在团购网站兴起时 O2O 就已经开始出现，但团购不一定有店面，早期的团购采用的是"O2O ＋ B2C"模式。

其实在实践过程中很难出现纯 O2O 模式企业，而只能采用"O2O ＋"混合模式，如 O2O ＋ B2C(商对客)、O2O ＋ C2B(消费者对企业)、O2O ＋ P2P(对等网络)、O2O ＋ LBS(基于位置服务) 以及 O2O ＋ F2C(从厂商到消费者) 等模式。

O2O ＋ B2C 模式。如京东便利店、盒马鲜生等，可线上下单线下消费，后台根据店铺周边人群特点补货。

O2O ＋ C2B 模式。适用于用户需求多样化、定制化较多，强调线下体验性，并在短时间内无法在线上实现标准化、规模化效应，要借助线上线下一体化运营的行业领域。例如，已经上市的尚品宅配在家具非标定制品领域就做了 O2O ＋ C2B 的有效尝试。

O2O ＋ LBS 模式。LBS 即基于位置的服务，是指通过电信移动运营商的无线电通信网络或外部定位方式，获取移动终端用户的位置信息，在 GIS 平台的支持下，为用户提供相应服务的一种增值业务。而国内 LBS 企业主要是开发 O2O 与线下业务，如大众点评网、百度地图等。家装领域的一些抢工长平台，也提供基于位置和距离的高效接单服务，如给业主分配在 10 千米内的工长上门量房。

O2O ＋ F2C 模式。F2C 即从厂商到消费者，指的是厂商直接面向消费者，产品可以直接从生产线送到消费者手中。没有了中间的渠道商，在保证质量的同时，价格比同类型产品便宜不少。这在家装领域应用得更为广泛，比如乐豪斯、爱空间、方林装饰、积木家等，它们都建立了自己独特而强大的供应链体系竞争力。

家装互联网化是家装 O2O 的发展，是家装 O2O ＋ B2C、O2O ＋ C2B、O2O ＋ P2P、O2O ＋ LBS、O2O ＋ F2C、O2O ＋ S2B 等更广泛使用互联网思维和互联网工具后的重度垂直与深度融合。**这样说来，信息撮合平台的模式是家装 O2O 的**

初级阶段，也是家装互联网化的开启阶段。

O2O 的本质是什么

我们不妨举个例子。用户 O 需要半包施工，上 B 网站（信息撮合平台）去找，结果找到了装修公司 C，C 又找到了工长 o，于是用户 O 和工长 o 达成交易。在这个过程中用户 O 可能花了 30000 元，而工长 o 只收获了 20000 元，剩下的 10000 元，网站 B 拿走了 3000 元，装修公司 C 拿走了 7000 元。虽然用户 O 和工长 o 都觉得不公平，但少了 B 和 C 做红娘，他们也走不到一起，所以就只能忍了。

这时，一个叫 H（互联网思维）的人看到了这个问题，他对用户 O 和工长 o 说："不如你们都到我这来吧，我给你们房租减半，水电全免。用户 O 你出 23000 元，工长 o 你得 21000 元，剩下 2000 元归我，怎么样？"用户 O 和工长 o 一看，很划算呀，那多好呀。于是，以互联网思维著称的 O2O 模式就这样诞生了。

所以，**O2O 的本质还是一种连接工具，和以前连接人与信息、人与商品不同，这次连接的主体是消费者和服务者。**也许之前他们的连接是通过层层的中介公司完成的，而现在 O2O 公司借助移动互联网，成为直接连接他们的平台。

因服务业的服务不像零售业的商品那么标准，各行各业都不一样，所以连接的服务者对象也不同。总体来讲，可以分为三类：消费者与直接服务者；消费者与服务者团队；消费者与服务者公司。

另外，也有观点认为 O2O 的本质是一种建立在信任之上的关系模式，摘录如下。

O2O、微信本质上构建的是人与人之间的关系，它不是"人＋移动互联网"的组合，而是融合，把手机和个人变成了一个整体，甚至可以说手机成了人类身上的一个智能器官。

张小龙是做邮箱出身的，邮箱就是在做人与人的互动。加入腾讯之后，他对 QQ 邮箱在"关系"基础上进行改造，为微信的成功奠定了基础。虽然网易做邮箱出身，飞信的支持方中国移动做通信出身，都是在做人与人的互动，但他们缺乏的是对人的关系的理解。易信、飞信、来往也加入了"关系"的因素，可与张小龙、腾讯相比，对于"关系"的理解不在一个层次上。

而马化腾担心微信颠覆QQ，最根本的原因还是微信所构建起的用户关系超过QQ。QQ所建立起的用户关系基于相似性，微信用户关系基于信任。比如我们用QQ可以将任何"期望"的人加为好友，被加的人有时处于被动，而微信只能加自己所"熟知"的人，也模糊了双方被动与主动的界限。

家装O2O的本质是建立高效连接

对于家装O2O来说，本质上还是建立基于信任关系的高效连接，表现就是效率的提升和成本的降低。比如让用户在线上就能充分了解产品和服务，通过线上以更低成本获取用户，并成为内容集散地和口碑收集口。

美国十大电商网站排行榜中有超过一半是传统零售连锁企业，比如沃尔玛、Target(美国塔吉特公司)、百思买、家得宝、梅西百货、Kohl's(科尔士百货公司)。当它们还在线下时就充分竞争，仓储、物流、运营等效率已经很高了，甚至比现在国内某些电商平台效率还高，所以延伸到线上变革则速度快、阻力小。当年亚马逊成立时不是从苹果和微软挖人，而是从沃尔玛挖人。亚马逊带来的是产品丰富、送货快、方便，但价格没什么优势。再比如美国家居建材用品零售商家得宝，网站每年就能吸引将近1.2亿的访客，这些都是精准用户。

而国内的传统建材家居装修企业渠道运营成本太高，效率又太低，毛利高，净利低，大多成本耗在场地、展厅、销售、人力上，这就给O2O的发展创造了巨大的势能差。

于是，O2O进入泛家装行业第一个做的就是建材家具交易的信息撮合，线上发起团购会活动，吸引用户免费报名，再将这批人通过签到礼、大抽奖等促销政策吸引到团购会现场，而对商家会收取展位费和广告宣传费。相对卖场而言，每场活动商家的订单获取成本很低，还是赚了。

但这只是满足了半包装修用户的需求，还有用户想要找靠谱的施工人员，以及想要整包装修，于是基于装修信息撮合的平台就诞生了。用户在平台报名后，可以申请免费量房，平台将装修信息交易给多家装修公司，这些装修公司去量房，谁成功与客户签合同，谁再给平台返点。

　　另外，从衡量 O2O 的商业综合能耗的六个维度来看：时间能耗、空间能耗（指空间距离带来的生理性损耗）、价格能耗、学习能耗（当一种新的商业模式出现后，用户少不了学习的过程）、安全能耗（用户对于新模式的担心会带来心理能耗）和关联能耗，如果该种模式下用户的综合能耗不能比传统装修模式更低，那么这种模式一定不会成功。

　　换个角度来说，即重视用户需求与满足这种需求所消耗成本之间的平衡。降低成本、提高效率不仅是需求端的要求，也是供给端的要求。

　　所以消费者对前置性导购信息的强烈需求，催生出了家居及家装 O2O 线上流量入口抓取平台。

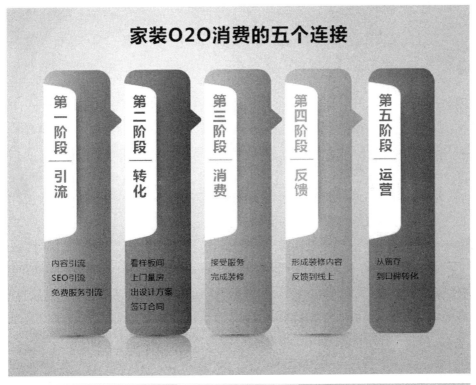

家装 O2O 消费的五个连接

家装 O2O 平台的四种类型

平台模式遵循的是一种门户思维，假定用户不爱东奔西走，偏爱一站式购齐家装所需。企业作为一个召集者，主攻方向在用户流量、用户交互及交易与监管等几个环节。

按家装 O2O 平台的属性可以将其分为四类。

(1) 流量导购平台：代表网站有京东家装、淘宝家装、天猫家装、拼多多大家装等。

(2) 装修信息撮合平台：代表有齐家网（齐家居美除外）、土巴兔的图满意、美团点评家居。

(3) 建材家具团购平台：齐家网建材家居板块、一起装修网建材家居板块、华夏家博会、我要装修网及区域强势网站等是代表，这类公司业务已萎缩，有的已转型。

(4) 单点切入的半垂直平台：从设计、施工、供应链、监理、金融等单点切入装修领域，只提供其中一个环节的服务，并有一定的掌控力。如酷家乐、三维家、打扮家切设计工具，搭窝、装小蜜、安心装切家装监理，蚁安居、中装速配、斑马仓、放芯装等做供应链服务，还有金螳螂提供美家时贷金融服务等。

■ 家装 O2O 信息撮合平台的崛起

信息撮合平台的价值

信息撮合平台被看成是中介。家装 O2O 信息撮合平台，成为业主与家具建材经销商、业主与装修公司、业主与设计师、业主与工长等的中间联系平台。平台要做的就是抓取用户来提高溢价能力。为了保证有持续的自然流量，这些平台都在坚持做内容和 SEO（搜索引擎优化），也会有广告投放。

另外，做平台都是比较早期的选择，因为那时聚合用户和收集信息流量相对容易，市场也好做。齐家网 CEO 邓华金曾说："齐家 2005 年创业的时候，整个行业其实是非常兴旺的，一下子拓展了很多新的角色出来，它们效率都不高，但都很挣钱。因为这个行业的需求大于供给。那个年代，去买一个科勒都是排队的，生意非常好。"

这种模式可以给业主提供如下保障。

一是提供的装修服务比较全面，半包、整包都有，可以找设计师设计方案，也能买主材、家具，反正只要与装修相关的事，在上面基本都能找到服务商。

二是一定程度解决了用户找靠谱装修公司困难的问题，毕竟平台已经做了一轮筛选和考察，并留有装修公司的质保金，可以对出问题的项目先行赔付。

三是正是由于不懂装修，用户从心里期望有专业的人和平台给自己撑腰，为自己打气。

信息撮合平台面临的挑战

信息撮合平台的局限性在于它只是一个聚合流量的消费渠道，如果施工环节出问题，用户会迁怒于网站，而这种情况在所难免，因为平台对企业的控制力有限。事实上，平台的控制力直接决定了服务质量和用户体验。

1. 平台更容易受到行业大环境的冲击

随着房地产业增速放缓及房价增长乏力，过去十来年爆发式增长的房地产市场一去不复返，新增购房用户增长下滑，直接影响到了家装行业的发展。很多传统家装企业都面临生存的压力，而信息撮合平台还只是信息中介，切入市场不深，对家装线下产业链渗透不够，那么产生的附加值自然很低，很容易受到家装行业发展整体放缓的冲击，市场扩张的瓶颈也会更加明显。

2. 业主选择的困惑还存在

比如平台介绍了 3 家装修公司，那么这些公司的实力到底如何？口碑怎么样？干活水平如何？真实的情况平台都不一定能摸透，更何况是用户。另外，比如选材料，那么多品类，每个品类里又有那么多品牌，涉及不同的风格、颜色，大部分用户是没有概念的，虽然平台有挑选和推荐，但如何保证推荐方的专业性和独立性？如何保证推荐方不是因为利润、关系等原因优先推荐的，且推荐的就是最适合这个用户的呢？

3. 在本地化终端赋能上没有优势

用户消费行为在变化：第一是供需关系的改变，由"人找店"向"店找人"

转变；第二，寻找装修公司的路径也在改变，从"被动接受"向"主动寻找"变化。装修企业面对这种变化时要从改变认知、提升品牌、拓宽渠道、建立口碑四个方面努力，而传统的信息撮合平台在本地化终端赋能上没有优势。

这使得全国领先的基于本地化终端门店的大家居营销服务平台——美团点评家居有了更大价值，它帮助本地店面实现终端线上化，提高运营效率。用户在找装修公司时基本是要多渠道搜集资料，多参数反复比对，才做出决策。其中，最重要的参考依据就是他人的真实好评，即口碑。

截至 2019 年年底，美团点评积累超过 77 亿条用户评论。真实的评价能够为消费者和装修企业快速建立连接，好的评价有助于提升装修企业获客转化率，节约营销成本；差的评价也能帮助装修企业发现自身问题，进行针对性的优化和提升。

4. 平台的监控没有那么有效

平台最大的问题是没有解决装修公司和业主的矛盾。施工周期那么长，装修公司又是发包给工长，漏项增项那么多，材料到底是不是真的，施工节点验收有没有到位……对这些平台基本是难以管控的。

而且线上平台的装修保障是签订三方合同，对线下工人和家装公司的管理、控制能力不敢恭维，常遇到装修公司老板跑路，制约能力太弱。一般是出了问题实在无法调和时，用户才找平台处理。

邓华金说："齐家过去是做撮合生意的，把网站上的信息流量变成按口碑排名的装修公司，这个工作应该是 BAT（百度公司、阿里巴巴集团、腾讯公司）做的，我们也觉得自己推荐的装修公司是不可靠的。他们提供的施工是我们完全无法掌控的，哪怕有监理的监督。"

信息撮合平台的解决方案

如某平台此前先收用户 40% 的装修款，将 20% 在开工时打给装修公司，剩下的 60% 装修款用户和装修公司约定付款节点，平台留下的 20% 在用户验收装修结果后，再付给装修公司。

这是借鉴淘宝和支付宝的玩法，用户的一部分资金先放在平台，验收满意后再打入装修公司的账户。而是否满意的标准不再由装修公司的监理做出，改为由平台的监理裁决。

如土巴兔的监理部，充当用户与装修公司之间的裁判，产生的监理费用由装修公司承担。毫无疑问，这种做法遭到装修公司集体抵制，但最终装修公司也不得不适应规则的改变。

土巴兔的底气是平台积累了足够的订单量，没有什么比实在的利益更有控制力。王国彬说："用户量没有那么大，就没有一个人愿意遵循你的商业规则。"

这种规则的改变又延伸出一种新的盈利方式。装修都存在一定的周期，比如45 天工期，而周期的存在使得用户的钱打入平台之后形成资金池，这种停留催生了通过金融工具获利的可能。平台在其中扮演了类似支付宝的角色，从供需匹配平台变身为担保交易式 O2O 平台。

■ 单纯的信息撮合平台已没价值

单纯的信息撮合平台已经没有价值了，包括商业价值和用户价值。

信息撮合平台的产品和服务若不能改变或逐渐改变平台上这些商家的成本结构和对用户的价值，即降低交易成本，则平台就失去了存在的意义。

讲一个早期的案例。2016 年，房天下网放弃 666 直营业务转型做平台的直接原因来源于财报压力——2015 年全年财报显示，净亏损 3880 万美元，约合 2.54亿人民币。

如果从自身优势来看，转型做开放平台也是符合其发展诉求的：666 套餐利润低，家装业务不赚钱，还存在投诉、延期、供应链跟不上等一系列问题，愈发导致成本升高；且丢掉了以前家装公司这块的广告营收，以前东易日盛一个分公司一年广告费几十万，这算下来广告就有几个亿的收入。家装亏损，现在广告业务也丢了；另外还需要用户量和数据规模，将流量最大化变现。所以当时房天下网转型符合自身利益，但盈利模式依靠卖信息、派单没走多远，后来也不做了。

现在回头来看，通过卖信息、派单的撮合模式已过了流量红利期，装修用户的需求也在发生变化，行业进入也被齐家网、土巴兔拉高了门槛，从头做哪有那么容易。

不过这说明了，**信息撮合平台需要重点解决的不是流量问题，也不是流量属性问题，更不是订单量问题，而是落地服务和供应链问题，关注过程才可能有好结果。** 只做导流，定会带来口碑上的负面效应，因为装修公司施工肯定会出问题，用户回头还是会怪到平台方身上。

总体来说，家装O2O还是家装，平台得做好服务，而不仅是实现装修前的信息扁平化。怎么办？就是重运营、重服务，深度参与到装修的整个过程中去。

■ 平台模式的进化与变革

在产能过剩的时代，最重要的事情是优化产能的连接效率；同样在信息过剩的时代，最重要的事情就是提高信息的过滤和吸收效率。

大家都知道平台模式有很多问题，那么如何让其效率更高、用户体验更好呢？这里做一些探讨，不一定就是某些企业正在做的，而是我基于对行业的观察和从业经验进行的总结。

统一标准，让用户更准确、快速地选择装修公司

信息撮合平台将用户装修信息交易给不同装修公司后，对于装修公司的报价用户没有办法比较，如材料品牌、规格等大同小异，用户也不懂，看得头晕目眩。

那么可把工程管理的经验应用进来，做一个类似的平台：平台签约设计师，他们给业主量房、做设计图，并根据用户的需求做预算，包括材料及水电施工费用；然后平台根据设计图和装修要求匹配三家装修公司，他们基于平台提供的信息进行报价；用户根据价格、资质、口碑值再综合判断选一家。

不过这里有一些问题，如现在行业内的设计师难以满足这么高的要求，要懂材料和价格，还得在设计图上体现更多的施工细节；在设计免费的大环境下，设计费用难收取；当装修公司在平台上面只关注比价的时候，会形成恶性竞争……

提高信息匹配度，提升转化率

有些装修业主知道装修公司免费量房、免费出设计图，然后就找装修公司把

这些事儿都办了，拿着图纸找"游击队"施工。

这就造成了有效信息无转化，导致装修公司的获客成本很高，撮合平台也委屈，因为提供给装修公司的可是真实有效的用户信息呀！还会形成"口碑"传播效应：你那么干挺好，我也这么干。久而久之就成了某些用户"套"设计图的一个渠道。

装修公司经不起这么折腾，所以一定要提高装修用户的信息匹配度和转化率，要把基于信息撮合的方式做得更深更透，比如对装修用户通过各种大数据分析他的需求然后对接更合适的装修公司，这里有很多事情可以做。

比如土巴兔在大数据以及算法的技术支撑下，以图满意 AI 设计平台和 SaaS 系统为基础，未来可以实现类似于今日头条的算法驱动供给，基于前端的 SaaS 系统的数据来源，实现算法推荐下的个性化设计方案供给。

介入施工流程，让过程可控

比如将全部合同款放在平台，按装修节点验收没问题后付款给装修公司，为业主承担更具体的监管责任，相对的线下任务也会很重。还有，比如将业主的所有装修款收到平台，通过经济杠杆，按装修节点将款项按比例分配给合伙人（小家装公司或设计工作室负责人）、设计师、工长和监理，只要钱掌握在平台手里，不怕装修公司不好好干活。当然理论上是这样，落地时还要具体分析。

土巴兔曾推出"云工长"业务让用户直面工长，严格筛选、统一管理工长，只有参加培训并通过考核的工长才可以接单，并为业主服务。土巴兔为此建立了一套管理体系，从服务态度、装修技艺、工程质量、管理能力、用户口碑等方面对工长进行定期考核，根据考核结果进行属性划分和评级，以此形成有效的激励机制。用户可以根据评级择优选择。后来土巴兔放弃这块业务的一个主要原因是左右手互搏，既当裁判又当运动员，对平台上的其他公司来说不公平。

从流量驱动到服务驱动的整合平台

目前的家装行业有的是自营产品，有的是整合平台，有的看重流量驱动，有的看重服务驱动。当然在装修领域，服务驱动型的平台肯定会走得更远。

比如齐家网的"火炬升级计划"，在全国筛选、扶持 1000 家优质装修企业，首批落地 100 家星级装修企业，组成齐家网"火炬库"。齐家网面向这些企业推出的装修企业升级工具包，包含营销工具、设计工具、信息化工具、运营工具、金融工具等多种工具，为装修企业数字化转型全面输送底层架构和基础设施。

还有土巴兔 2019 年 12 月推出的装修企业扶持战略"天梯计划"，以自身的资源投入来推动整个装修行业的发展。

"天梯计划"中土巴兔将投入价值 20 亿元的资源来增强装修企业的服务能力和提升合作伙伴的品牌价值，从而帮助更多装修企业"触网"转型。而新冠肺炎疫情期间，土巴兔以免费流量支持、无接触量房创新、云技术支持等 8 大帮扶措施，帮助更多装修企业度过疫情难关。

■ 家装 O2O ＋体验提升＋数据驱动＝装修新零售

家装 O2O 与装修新零售

新零售概念自马云首次提出后，便受到各界高度关注。**按照阿里研究院给出的定义，新零售是以消费者体验为中心的数据驱动的泛零售形态。**目前，新零售的发展主要表现为线上企业加速布局线下实体店，弥补电商在线下体验上的劣势，通过技术驱动来实现效率和体验的融合。

一些企业已经通过新零售尝到甜头，如小米公司通过"小米之家"销售其生态圈产品，帮助小米公司扭转了近两年的颓势；以线上线下一体化为显著特征的网易严选、盒马鲜生、猩便利等一度成为舆论焦点，传统的零售模式正在逐渐瓦解。

相对于传统零售，新零售更加关注供应链效率的提升和客户体验的改善。而在众多零售品类中，大家居产品无疑是更低频次、更高客单价、更重体验的一大品类，供应链效率低下和客户体验差一直都是行业的痛点。新零售的出现，直指大家居行业痛点，尤其对家装而言，消费者体验恰恰是行业发展变革的痛点和突破点。

作为大家居行业龙头企业，和首家登陆 A ＋ H 股的家居类上市公司，红星美凯龙在品牌、资金、渠道等多个方面优势显著，在众多家居企业中表现抢眼。

其最新年报显示，集团 2019 年营收 164.7 亿元，同比增长 15.7%；扣非后归母净利润为 26.1 亿元，同比增长 1.9%。

为进一步巩固领先优势，红星美凯龙积极拥抱新零售，围绕客户体验，率先建立全方位的服务体系，致力于一站式闭环解决消费者的各种需求和痛点，强化消费者的线上线下一体化体验，致力于塑造家居装饰及家具行业最具价值的流通平台，成为家居装饰及家具行业的新零售标杆。

装修新零售的必然

首先，家装产品具有多 SKU（库存量单位）、非标准化、高单价、重决策的特征，线上能做的往往只是初期的效果展示和简单的信息交互，消费者的决策更多的需要线下的场景和深入的交互来承载。但传统家装公司的线下门店空间有限，通过样板间所能展示的场景和材料都受到限制，消费者选择受限。另外，传统中低端家装公司几乎不出设计方案，所谓的设计师更多的是在错位地从事销售工作，没有精力和能力为客户提供更好的设计效果图，最后往往通过过度承诺、低开高走等方式签单，再加上施工监管的不确定性，结果客户体验可想而知。

其次，随着新中产的崛起和 80 后、90 后成为消费主力，消费者生活方式、消费观念的转变对家装行业的影响日益深远。对于家装产品，消费者诉求已经从简单的耐用、性价比等功能性诉求上升到高颜值、高品质、个性化等体验性诉求。换句话说，消费者购买的已经不再是单纯的产品，更加看重的是产品背后的体验和服务。硬装市场在家装激烈的价格竞争中已成"红海"，只有通过开发个性化产品或向软装、家居等产业链下游拓展还有一线希望。

再次，大数据、云计算、VR、人工智能等技术在快速迭代，技术与产业的融合不断加深，传统行业都处在技术变革的冲击中。对于家装行业，VR、AR 等技术的应用能够极大弥补传统装修门店在效果展示上的不足，通过将设计、材料、施工、监管等各环节数据化，实现所见即所得的展示效果，便能大幅降低客户决策难度，提升客户体验。

因此，在线上获客成本越来越高，线下门店租金和人工成本居高不下，消费升级和技术变革的背景下，装修新零售涌现，旨在通过大数据、云计算等技术手段融合线上线下各自的优势，提升门店的坪效和人效，借由效率的提升降低成本，然后有能力为消费者提供更好的高性价比产品，最终实现客户体验和品牌口碑的提升。

拥抱装修新零售，装修企业要提升四方面的能力

首先是信息化能力。无论是前期的设计效果呈现、各种建材和家居产品的按时配送、施工过程中的监管，还是快速响应和售后服务，如果没有一个高效的信息系统或平台来整合，新零售所要求的效率和体验提升无从谈起。

其次是整体设计能力。房价高企的时代，房屋面积和居住体验的矛盾不可避免。要用有限的空间实现高品质的居住体验，必须整体地规划设计，否则只是上百种材料和产品的简单堆砌，不仅会使单品价值大打折扣，最终效果也很难如意，如同将一些上好的食材交给一个水平很次的厨子，其结果可想而知。

再次是供应链能力。所谓兵马未动粮草先行，没有高效稳定的供应链配合，会直接影响设计的落地和施工工期，这种不确定性会大幅降低客户体验。

最后是施工交付能力。家装行业交付品质不稳定的状态很大程度上是由施工队伍的不稳定造成的。"马路游击队"的作业方式很难保证施工的标准化，交付品质的好坏靠运气，如是否能遇到靠谱的工人。交付品质的不稳定会影响装修企业的口碑，进而抬高装修企业获客成本，活少也就很难养稳定的工人，形成恶性循环。

第二篇

家装互联网化的策略解析

第4章 走向产业互联网：家装互联网化的 进化论

■ 什么是家装互联网化

2015 年 2 月 4 日，笔者在某科技网站做了题为《家装 O2O 大势，互联网装修的崛起》的访谈，3 月 20 日前后，发表的《首次系统揭秘被"捧杀"的互联网装修》(标题还被修改为《深度解析：等风来的"互联网装修"》《互联网装修在到达风口前的医疗诊断》等) 在钛媒体、创业邦、DoNews、亿欧网、品途网等知名科技媒体广泛传播。文中系统提出并阐述了家装互联网化的概念：**家装互联网化是在"互联网＋"的大背景下，借助互联网工具和互联网思维，通过去中介化、去渠道化及标准化，优化并整合装修产业链，颠覆传统装修的用户体验，让装修变得简单、透明、精致，性价比更高！**

之后，笔者又发现家装互联网化还无法颠覆传统装修的用户体验，所以用"改善"一词更稳妥，另外还牵扯效率和成本的问题，对名词进行了补充：**家装互**

联网化是在"互联网+"和供给侧改革的背景下，借助互联网工具和互联网思维，改造装修中存在的问题，通过标准化、信息化、数字化及去中介化、去渠道化，重构家装供应链，重塑产业利益链，提高生产和运营效率，降低产品及服务成本，改善装修用户的体验，去除行业劣质产能和低效产能，促进家装消费升级。家装互联网化是家装产业进化的一个过程，最终会走向产业互联网。

特别强调一下，劣质产能是偷工减料、使用劣质材料、恶意增项之类的装修服务；低效产能是指毛利很高、净利很低的效率低下的装修服务；家装消费升级除表现为产品服务（半包—整包—整装—智能）变化外，还要求装修品质高，价格相对低，综合性价比高。

家装互联网化是标准化、产品化（规模下的个性化）、品牌化的家装模式，以提升生产效率、降低服务成本及打造供应链为核心，并依靠互联网、大数据和信息化等科技手段不断产生源动力。

也有人说家装互联网化本身就不存在，只是玩个概念，但问题是行业确实出现了一种现象：用互联网思维和互联网工具改造传统家庭装修，改善了用户在装修过程中的体验。用"家装互联网化"这个名词描述这种现象不一定准确，但目前是最合适的词。

就像"互联网思维"这个词一样，曾饱受争议，而生产力决定生产关系，互联网的技术特征在一定程度上会影响到其在商业层面的逻辑。这种逻辑关系，就是更注重人的价值的互联网思维。也就是说互联网思维只是描述了这种关系，家装互联网化也是一样，只是描述出现的事实或变化而已。

■ 家装互联网化和产业互联网的关系

产业互联网是数据驱动的新价值网络

最先提出"工业互联网"概念的美国通用电气公司(GE)认为，工业互联网打破智慧与机器的边界。而通过阿里巴巴的视角着，**工业互联网是数字基础设施，在工业领域的安装**，本质是数据驱动的新价值网络。

在信息技术快速发展的 20 年中，我们经过了三个时代：第一个时代是信息化时代，也叫"记录的革命"；第二个时代是消费互联网时代，也叫"分发的革命"；第三个时代就是工业互联网时代。

工业互联网通过 PC 数据库叠加云计算、大数据和各种 APP，人工智能、物联网、区块链等硬科技被链接起来，将带来的是"认知的革命"。

在大家居产业应用上，数字孪生和 3D 打印可以加速装配式装修的发展，对环保、节能减排都有重大利好。

物联网设备匹配 5G、云计算，使大规模的定制化生产成为可能。这在定制家居和智能家居上有很大的应用空间。完全可以实现大规模的个性化定制，成本还能降下来，这会加速产业升级以满足消费升级的需求。

比如慕思床垫允许消费者在 APP 上面配置自己的体重，以定制床垫，这种定制化的成本只有五年前的 20%。产品的智能化平衡了个性化、碎片化需求和生产成本之间的关系。

家装互联网化向产业互联网过渡

2020 年 4 月 7 日，国家发展改革委、中央网信办发布《关于推进"上云用数赋智"行动，培育新经济发展实施方案》（以下简称《方案》），为了加快数字产业化和产业数字化，助力建设现代化产业体系，实现经济高质量发展，提出了多项举措。

其中，《方案》首次提出"构建多层联动的产业互联网平台"，将产业互联网上升至国家层面。可见，产业互联网已成为实体经济转型的关键路径，这也已经成为行业共识。各行业相继提出产业互联网发展战略，家装产业也不例外。

在 2019 年土巴兔生态大会上，CEO 王国彬提出的"消费互联网"与"产业互联网"深度融合的观点以及发布的"20 亿天梯扶持计划"引发了整个家装行业以及创投圈的关注。

在过去 10 年，消费互联网成就了一批企业，这批企业已收获了红利。下一个 10 年，产业互联网和消费互联网将融合产生价值。消费互联网的蓬勃发展，扶持了一大批拥抱互联网的企业。消费互联网关注用户口碑，因为越来越多的用户，尤其是年轻的 80 后、90 后用户，他们已习惯了通过互联网做决策，去互联网逛一逛来获取口碑信息。

消费互联网是以个人为用户，以日常生活为应用场景的应用形式，是为满足消费者在互联网中的消费需求而产生的互联网类型，可以提升个人生活消费体验。在装修前，找同类户型参考、装修效果图、装修攻略、装修预算以及装修咨询等，这些都属于消费互联网的产品范畴。

消费互联网的目标定位是满足个人消费需求；产业互联网的主要目标定位是对现有企业经营模式、成本结构进行数字化、在线化的改造，提升企业运营效率，降低成本。两者在装修领域是融合的。

不同的是，**消费互联网是比谁快谁钱多，产业互联网是比谁做得更深理解得更透；消费互联网是先烧钱做规模，然后从规模中再变现，产业互联网是一开始就用效率倒逼利润。而家装互联网化的这个"互联网"已经从消费互联网过渡到产业互联网了。**

积木家一直在较真一个问题：好的装修花钱就能买到，如何做年轻人买得起的好装修？积木家希望借助产业互联网的逻辑，深入装修产业的每一个环节，优化效率，降低成本，提高品质。"让用户为结果付费，不为过程买单"，把省下的钱通过优惠的价格还给用户。

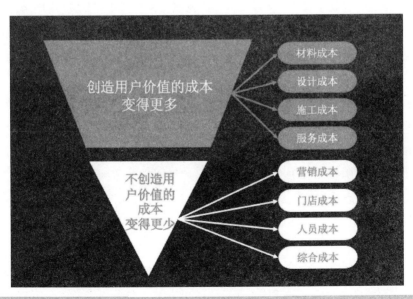

在不创造用户价值的环节极度节俭

做新时代的装修公司，你不懂装修行业不行，你太过于聚焦装修行业也不行。机会只属于既懂装修产业又懂互联网的人，他们具备是行业熟手，经营正循环，前后端环节涉足最多、最深，并有一定积淀等特征。

■ 为什么出现家装互联网化

家装互联网化可以看成是家装 O2O 模式的纵深发展，是从平台模式到用户模式的多层次延伸，包括垂直模式。2015 年，为什么家装互联网化公司扎堆出现？可以从宏观和微观两方面分析。

宏观方面

（1）"互联网＋"的改造。家装行业产值规模大，ARPU 值（每用户平均收入）高、用户体验差等天然属性使其本身就具备被互联网改造的基因，只是在等待一个时机。互联网思维的盛行及互联网工具的成熟，就像星星之火，点燃了家装互联网化的燎原之势。再加上李克强总理在 2015 年《政府工作报告》中提出政府将制定"互联网＋"行动计划，更是起到了极大的推动作用。

（2）家装"存量＋增量"驱动行业持续发展。家装产业的发展与国民经济发展水平密切相关，过去几年家装行业规模的增长得益于消费者对商品房需求的旺盛以及国民收入的持续增长所带来的产业连锁效应，中国快速发展的宏观经济为家装产业的发展提供了坚实的基础。

根据中国建筑装饰协会的统计数据，住宅装修装饰全年总产值从 2007 年的 0.9 万亿元提高至 2017 年的 1.91 万亿元，年平均复合增速约为 7%，加上公共建筑装修装饰全行业产值超过 4 万亿。

而在网络需求上，2014 年家装行业日均搜索指数达到了 260 万，环比增长 14.4%。从数据来看，在巨大需求之下，家装互联网化的出现是必然的。

另据土巴兔和易观联合发布的《中国互联网装修行业指数洞察 2020》数据显示，2019 年中国互联网装修渗透率达 16.9%，预计 2020 年将直逼 20%。就算对统计口径会有异议，但一定程度说明了家装互联网化发展的程度。

任何一个产业的发展都会受到宏观经济环境的制约，受到经济政策甚至社会政策的影响。在中国经济增速放缓的大背景下，地方政府投资低迷，房地产发展态势并不明朗，民间资本也在观望，新常态过渡期的转型阵痛也引发了人们对家装产业前景的担忧。

不过，家装产业的市场需求持续增长是不争的事实，需求决定供给，需求是经济增长最根本的动力。加上城市化进程加快，以及二胎政策的开放，改善型住房由以前的三房变为四房，尤其家装的消费时间间隔一般为 8 到 10 年，之前用户购买的商品房将逐步步入翻新周期，在存量房装修市场和新房装修市场的共同推动下，家装互联网化的生长土壤依然肥沃。

微观方面

1) 用户基础。

(1) 勇于尝鲜的意识。现在 80 后、90 后成为买房装修的主力军，他们从小受到互联网的影响，在现实生活中也离不开互联网，上学时熬夜通宵上网、宿舍联网集体打网游，毕业了还得通过招聘网站找工作，相比于父辈而言，他们更容易也更愿意接受家装互联网化；但如果体验不好，有问题得不到解决，他们可能会通过网络"吐槽"扩大负面影响。互联网是把双刃剑。

(2) 迫切需求的使然。家装行业很不规范，家装产品极其复杂，信息缺失，透明度差，猫腻陷阱多，用户消费体验差，甚至有夫妻为此闹离婚。加上一、二线城市生活节奏快，用户没有什么精力往返于装修公司、建材市场和施工现场，且网络已经成为他们生活的一部分，使得一站式的简单、透明、精致、所见即所得的高性价比装修产品脱颖而出。

2) 行业发展的推动。家装 O2O 前期表现为中介模式，平台连接了业主和施工队、设计师、主材家具供应商等，让家装链条上从硬装施工到家具、家电、布艺、软饰等整体家居环境所需的各种分散资源高度集中。让用户对家装互联网化产品及个性化的需求有了资源的保障。

3) 资本的推动。毫无疑问，没有资本的介入支持，爱空间也不会走红网络；没有资本的介入，家装互联网化公司不会发展得那么快，毕竟行业那么大，试错成本太高了，不是丢掉几十万、几百万那么简单，有可能伤筋动骨。

4) 技术应用的保障。智能终端的普及应用和移动互联网的快速发展为家装互联网化建立了新的推广和沟通渠道，也为线上线下联动提供了技术保障。这些年，移动互联网领域积累了丰富的用户交互经验，为增强家装互联网化用户的黏性和体验奠定了基础。如 3D 云设计在泛家装电商平台的应用，改善了家装消费体验，也对家装设计师的快速签单起到了促进作用。

■ 家装互联网化的五种类型

根据进入方式和发展策略，家装互联网化可以分为五类。

家装 O2O 的产品演化

这是家装 O2O 根据资源优势，对产品的重新细分和规划。如深耕家居建材行业七年的我要装修网的兄弟品牌积木家，依托 7000 多家供应商资源和两年"工长联盟"的交付积累，迅速发展起来。

还有 X 团装修网创始人戴洪亮从事家居装修建材行业多年，对建材行业长链条雁过拔毛的弊病深有感触，因此决定创办美家帮及后来的中装速配。

凭借互联网思维的直接杀入

创始人有家装从业经验的，如爱空间创始人陈炜曾任博洛尼旗舰装饰装修工程（北京）有限公司总经理等，他们凭借互联网思维和原有的资源迅速拉起一支队伍进入家装互联网化领域。

创始人也有跟家装行业没关系的。有过两次家装经历，出自清华大学的、曾在 IBM 担任全球商务解决方案中心技术总监的张磊和同事在 2014 年共同创办了 3 空间。

作为家装行业为数不多的女性创业者之一，刘禹锡从大学开始创业，创业四年营收超千万，原本可以蜗居成都做个快乐的千万富翁，却再次选择创业做惠装。

还有在家装行业连续创业的，如颜传赞从创立标准化家装平台构家到研发信息化软件牛牛搭，2019 年完成 2000 万元天使轮融资，投资方为贝壳找房；吴堂祥从创立切入装修后端市场的多彩饰家到杀入装配式装修领域成立中寓装配，2019

年年底完成数千万元 A 轮融资。

这些人都有良好的技术背景，加之对家装市场的看好，以及大部分有过装修的痛苦经历，对用户的困扰是可以感同身受的，最起码可以成为一名优秀的产品经理。他们在营销上相应地都有先发优势，不过，市场、工程、供应链的短板需要找到志同道合的合伙人补齐。

产业链大佬的进入

这个无须解释，家装上下游产业链中某一领域的大佬进入家装互联网化有一定优势。

(1) 地产商及房产平台进军家装领域。2015 年 8 月，万科和链家宣布成立合资公司万科链家装饰公司，正式布局家装行业（2020 年 6 月，链家与万科达成股权转让协议，万链并入贝壳旗下装修业务）。同年，碧桂园装饰板块推出橙家。2016 年 10 月，绿地集团推出"类公装模式＋成品房模式"的绿地诚品家，打造出标准化硬装加个性化软装的新型家装套餐。恒大旗下的恒腾网络集团推出家居建材供应链服务平台——恒腾家居企业购，为房地产企业、装饰企业提供一站式家居建材供应链解决方案。2017 年链家推出南鱼家装，首家体验馆次年 5 月开业。2020 年 4 月，贝壳找房推出全新家居服务平台——被窝家装。

(2) 家居建材卖场的杀入。如红星美凯龙从成立红星装修公开始，陆续成立了家倍得、设计云等，还组建了"红星美凯龙装修产业集团"，不断深耕家装行业。居然之家早先收购了元洲装饰，后与阿里巴巴共同投资成立躺平设计家，致力于为大家居行业提供设计生态价值平台。

(3) 公装巨头的进入。亚厦股份旗下的"蘑菇＋"于 2015 年 1 月上线，但相对发展缓慢。苏州金螳螂与家装 e 站"分手"后，出资 2.7 亿元成立金螳螂苏州电商有限公司，自创 O2O 家装品牌"金螳螂·家"。洪涛股份旗下的家装互联网化平台优装美家于 2015 年 9 月在北京正式上线。2016 年 1 月，广田股份宣布完成增资及股权转让后持有荣欣装潢 44% 的股权，成为控股股东。2016 年年底瑞和股份在上海推出定位为"地产商的精装专业配套商"的瑞和家，专为地产商提供个性化精装服务。

（4）家电零售连锁企业及厂商的跨界。2015年4月，国美在线与东易日盛合作推出线上家居家装电商平台"国美家"；2016年9月，国美在线以"品质、低价、速达"的服务理念，集合国美线上线下家装供应链资源，再次集中发力推进家装互联网化；2017年6月，国美在线投资爱空间2.16亿元；2019年启动国美家装自营业务。2015年6月，苏宁易购也在广州和靓家居签署协议达成O2O战略合作伙伴关系，围绕家电、家居、家装从消费链上进行全方位的整合与营销模式的创新合作。不过，这两家雷声大雨点小，到下半年基本就没动静了。2018年年底，苏宁易购整合家装品类，推出首家全屋定制门店，尚品宅配、索菲亚、欧派相继入驻。2018年海尔顺逛平台发力家居家装业务，2019年海尔智家001号体验中心正式落地上海。

（5）家居建材商投资收购装修企业。2015年6月，有住网获1亿元A轮融资，由上市公司宜华木业领投，其他投资机构跟投。2015年10月，东鹏控股公布以2000万元人民币收购爱蜂巢20%股权，成为爱蜂巢旗下家装e站新任股东。2019年11月，顾家收购、整合实创装饰，推出以拼团拼购为核心的全品类家装直购平台团多多。

（6）家居建材商直接布局家装。索菲亚整装、欧派整装大家居、尚品宅配整装云、金牌桔家等定制家居企业以及东鹏整装家居、贝朗整装等都在做整装，通过赋能合作伙伴卖定制家居、卖材料。

电商平台抢入口和场景

2010年淘宝网就上线了家装频道；2011年与合作方在线下建立了"爱蜂潮"产品体验馆，不涉及装修；2015年推出了"极致装修30天"的极有家，轻模式的切入考验对服务质量的管控能力。另外，天猫家装也推出了"人民装修"打造全链条服务标准，京东家装发布了"京质家装"装修服务标准等。

2016年2月，一直致力于本地生活服务的新美大正式宣布成立家装事业部，进军家装O2O市场，将美团-大众点评家装频道打造成家装行业领先的O2O服务平台。新美大的商业模式与早期土巴兔的模式非常相似。

2018年2月，阿里巴巴集团宣布携手16位投资方，以130多亿元联合投资居然之家，其中，阿里巴巴以及关联投资方向居然之家投资54.53亿元，占股

15%。居然之家在 2019 年 12 月完成借壳上市后，阿里巴巴持股为 9.58%，为第三大股东。

2019 年 5 月，红星美凯龙成功发行可交换债券，以 43.594 亿元人民币被阿里巴巴全额认购。阿里巴巴战略投资红星美凯龙，成为第二大股东，持股比例达 13.7%。

2019 年 9 月，阿里巴巴以 5 亿元战略投资三维家，投后估值约 25 亿元。阿里巴巴已经成为三维家第一大股东，持股 20%，三维家创始人蔡志森、红星美凯龙分别为第二大和第三大股东，分别持股 12.7% 和 12%。

2020 年 1 月，京东旗下的"京东家"频道上线，同时该频道与家装 BIM ＋ VR 企业打扮家、设计经纪平台共合设、家装社群营销平台研集明选等达成战略合作。京东家以场景购为核心，为用户提供一站式家居家装解决方案。京东家可通过实时智能设计软件、线上专业设计师服务平台、场景化 AR 导购、精准匹配推荐、社群营销带货五大举措，满足消费者从设计咨询到搭配买货的需求。

2020 年，拼多多百亿补贴杀入了家居家装行业，入驻多多美家馆的有家装、全屋定制、小五金建材类产品等。

老牌装修企业转型升级

触觉敏感的老牌装修企业也推出了独立的家装互联网化品牌，如东易日盛的速美超级家、靓家居的靓尚 e 家、业之峰的全包圆等。相比大部分的家装互联网化公司，这些公司在施工管理、供应链整合方面有自己的优势，但在全渠道获客、运营体系和后端支持方面也有可提升的空间。

此外，也有小的传统装修公司推出了"极致套餐"，只是打着家装互联网化的旗号，但基本已走向陌路。

■ 家装互联网化的六大特征

现阶段，家装互联网化有六大特征。

1. 聚焦化

家装消费人群是有细分的，大致分为四个需求层级：单价每平方米 5000 元以上的高端装修人群；单价每平方米 1500 ～ 5000 元的中高端装修人群；单价每平方米 500 ～ 1500 元的则是数量最庞大的中低端刚需装修人群及部分改善型装修人群 (因城市发展水平不同，价格差异大)；单价低于每平方米 500 元的则是出租房、过渡房装修人群，其业务主要被"马路游击队"包了。

家装互联网化主要切入了刚需装修人群，那么能不能延伸到其他人群中呢？很难，刚需人群能牺牲一定的个性化需求接受标准化套餐产品，其他人群的个性化需求过多。没有大规模的量的支撑难以标准化。聚焦细分品类，在消费升级中抓住细分市场非常重要。

比如尚层装饰，林云松一直坚持：1 厘米宽，1 千米深。

先说 1 厘米宽，别墅家装并不是一个很大的市场，极其个性化，很难标准化，服务链特别长，所以自尚层成立以来，实际上就在做一件事，一直坚守着这个领域。

再看 1 千米深，就是说要持续地为客户创造价值。

尚层最核心的，就是永远聚焦在别墅家庭这样的一个客户群体中，围绕着设计、装修、软装，后期的家居保养、售后服务，真正实现把一次性装修的客户变成一个可持续合作的客户。

2. 透明化

互联网对传统行业的最大改造就是打破信息垄断，让信息足够透明。在装修中，业主和施工方信息严重不对称，专业知识不对称，则矛盾肯定多。家装互联网化大潮袭来，会先淘汰掉那批以 28800 全包含家电吸引用户，靠增项、低质和偷工减料的劣质产能生存的装修企业。

3. 去中间化

家装互联网化可以从两方面来解释：首先是施工，由项目经理或工人直接联系业主，避开传统装修公司的层层转包，实现家装行业的去中间化和去中介化；其次，就是供应链采用 F2C 模式，工厂直接触达到用户端，省去了各级经销商的利润沉淀，价格便宜。

4. 产品化

家装互联网化提供了标准化的产品，呈现给用户的设计、材料、施工、服务等都是标准化的，而且运营体系、输出复制体系也是标准的。这些**标准都成熟且**

稳定后才会形成装修"产品"。**标准化是产品化的基石，标准化的终极目标就是产品化，而标准的产品化只是过程和手段。**

我去北京五道口吃西少爷肉夹馍很有感触，一是标准化、高效率，出餐比肯德基还快，擀面皮加三个料包，自己调；二是价格大众化，销量很大，高坪效，肉夹馍加三选一（擀面皮、小豆花、胡辣汤）加饮料（冰峰等）21元，这在西安也就15元左右；三是产品的取舍，在西安凉皮有很多种，还有米皮，但它只做一种，过多的选择会让标准变复杂，影响可复制性，也会增加SKU，让供应链变得更长。

对家装而言，最难的是运营体系、服务体系和复制输出体系等非标品的标准化，从标准化到产品化的路还很长。（详见本书第6章）

5. 信息化

家装互联网化的客户服务、设计、预算报价等前端系统和施工管控、材料下单、物流配送、财务结算等后端系统能够实现无缝对接，而不是两套甚至多套系统，数据东一块、西一块等各自为战，造成无法快速准确调用。还有一些公司的销售前端和后端是没有打通的，通过人去协调就容易出问题。

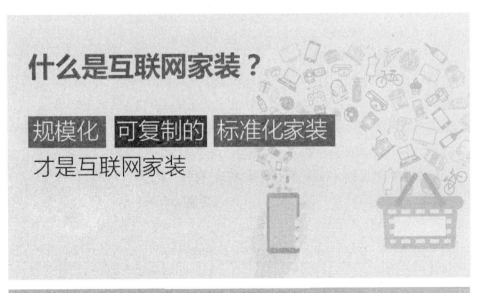

互联网家装最直接最简单的定义

6. 可规模化

产品化和信息化让规模化复制成为可能。用一句话说清楚什么是家装互联网化，那就是：**可规模化复制的标准化、产品化家装才是互联网化家装，适于采用平台模式和垂直模式。简单来说，这个漫长的过程就是家装互联网化。**

■ 是传统装修还是家装互联网化，如何判定

传统装修公司经常不服气：为什么我搞个装修公司就是传统装修，而你用某平台做装修就是家装互联网化？有这么歧视人的吗？也难怪，因为大家没有评价标准。

什么是传统装修?

1. 人群没细分，谁来都是客

传统装修完全采用一对一的个性化服务，服务成本高，SKU 无限大，工期不确定，交付成本高。举个例子，6 万的客单价能做，20 万的也能做，客单价相差 3 倍多，那材料的配置和服务的品质有没有翻 3 倍多呢？肯定没有，甚至可能都没啥变化，何谈用户满意度。

2. 低价营销，恶意增项

以低价诱使用户签合同，为了保证利润只能低质低价或者低开高走，过程中通过恶意漏项、再增项提高总价。实际成交金额是原合同金额的 1.5 倍以上。完全以营销为导向，且是基于一锤子买卖，抱着做完老死不相往来的心态。甚至有公司不怕客户起诉，专门有法务部门处理，跟客户耗时间。

3. 成本构成的巨大差异，毛利率 ≥ 40%，费用率 ≥ 35%

大量的毛利额消耗在高成本签单、低效运营和管理成本上。

三者有其一即可判定为传统装修。

如何判定是不是家装互联网化？从知者家装研究院的经典门店经营模型可以判定。

1. 销售费用，签单成本 ≤ 5%，销售提成 ≤ 5%

要做到这一点，一是各环节的转化率要有保障，以精准投放的线上渠道为例，

报名转化率为 3% ～ 5%，上门转化率为 30% ～ 50%，订单转化率为 40% ～ 60%，合同转化率为 75% ～ 90%，退单率为 10% ～ 20%；二是保障后面的 NPS(净推荐值)，两者相辅相成。销售一线和管理层的销售提成控制在 5% 以内。

2. 交付效率，零延期，零投诉

以 100 平方米的硬装为例，在 45 天工期内完工，最重要的是没有投诉，没有网上负面评价。这涉及了施工组织能力、标准化落地服务能力、供应链整合及仓配效率，以及信息化能力。

如果要做到同时开工 1000 个工地而不出问题，会牵扯设计、施工、供应链等连接效率的问题，现在很多的延期基本都是定制品安装造成的。这也是为什么很多公司特别重视 ERP 系统的原因，期望通过系统去统一所有人的步骤，提升运营效率，将力量集中到一点上。

3. 单个工地是否盈利，看毛利率和费用率占比

平均毛利率≤ 30%，费用率≤ 20%，毛利率减去费用率就是税前净利润率，占比 7% ～ 10%。

费用率＝(费用总额 / 营业收入总额)×100%。费用总额指除材料、人工、物流成本外的支出总和，包括销售费用、人力成本、管理费用等。

4. 单店全年营收，年人均产值≥ 100 万元 (含总部分摊)，年坪效≥ 10 万元

如果店面只是销售前端，只有客户经理、设计师等，则店面人均产值会更高。某知名家装互联网化企业的一店面，260 平方米，员工有近 50 人，年营收 7000 万元，店面年人均产值为 140 万元，年坪效近 27 万元。

期间人均产值＝期间营收总额 / 期间人员平均数量 ×100%。

期间坪效＝期间营收总额 / 店面总面积 ×100%。

5. 用户口碑，NPS ≥ 50%

如果用户口碑不高，则获客成本会持续升高。只有持续签单，才会降低整体获客成本。

怎么确定净推荐值？问客户一个问题：“您是否愿意将我们公司推荐给您的朋友或者同事？请根据您的意愿在 0 ～ 10 分之间打分。”得分在 9 ～ 10 分之间的是推荐者，6 分以下的则是贬损者。再套用公式计算：NPS ＝ (推荐者数 / 总样本数)

×100% － (贬损者数 / 总样本数)×100%。

在具体的执行过程中，是将相关岗位的绩效指标和 NPS 挂钩，只要和用户打交道，影响用户对产品或服务的评价的岗位都要涉及。

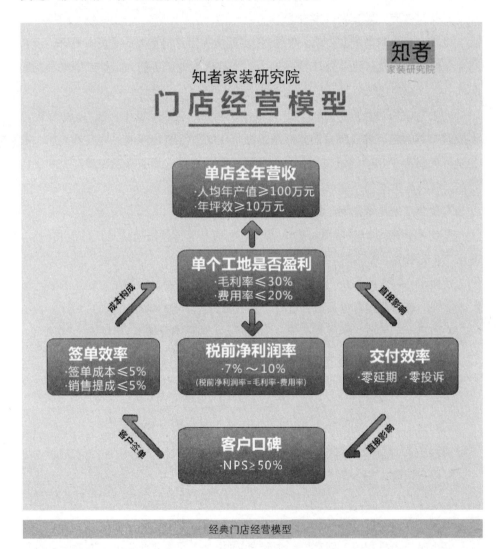

经典门店经营模型

如果这些标准都可以达到，那才是真正的家装互联网化。基本上大家都还在发展中，能达到 80% 就很好了。往往做得不错的，也就刚过 60 分的及格线。

积木家创始人尚海洋的观点我很认同：**互联网装修和传统装修相比，本质区别一定是效率**。先是通过提升企业端的效率降低企业运营成本，这包括产品研发效率、获客效率、转化效率、供应链效率、交付效率、经营效率等；然后再把通过效率提升产生的利润让利给用户，让用户花更少的钱买到更好的产品。

这才是为用户创造价值，家装互联网化公司就是要创造这部分价值。

■ 家装互联网化面临的九大挑战

(1) 用户的个性化真实存在，随着用户年轻化，个性化需求越来越分散。

(2) 装修企业普遍不具备核心竞争力时，装修虽然是高客单价的，但用户也会因为几千元的差异慎重地选择装修公司，当单平方米装修价格上涨一两百元时，背后的目标客群就会出现迁移。

前面两部分内容见第 2 章"后疫情时代的装修需求特征"小节。

(3) 企业在全国布局的供应链体系和施工交付难题难破解，交付品质一直不稳定。

产品配置容易复制，但供应链和施工交付的复制相对要难，再怎么标准化，还是得让人去做，施工、监理人员的职业化不是短期内可以实现的。

企业在施工上有两种运营方式：一种是自有产业工人，可以标准化管理，但前期运营成本高；另外一种是和劳务公司合作雇用工人施工，有的直接和工长合作，相对管理成本高，边际成本会随着接单量的增加而增大。

(4) 落地服务的难题和"长征式"的坚持，依然看不到头。

现在家装互联网化企业的落地服务相对较弱，被解读为家装互联网化发展过程中不成熟阶段的表现。毫无疑问，家装互联网化最根本的目的还是为用户提供更好的装修体验，如果最终没解决这个问题，任何概念都会失去意义。

发展到现在这一步，大家也发现家装是无法速战速决的，还是完全依赖于人操作，在没有技术变革、解决工人产业化问题、运用家装 ERP 强大系统前，家装互联网化还只是在"长征"路上，需要长时间地坚持。

(5) 传统装修"半进化"的搅局，"互联网家装"概念臭大街。

让人担心的不是互联网家装进化到什么程度了，而是披着家装互联网化外衣的搅局者。他们扰乱市场，搞得市场乌烟瘴气，坏了行业口碑，使其他的"真李逵"处境尴尬。记得第一次保健品浪潮的衰退就是因为锅里"苍蝇"太多，坏了保健品市场这锅汤。

实际上，这个问题非常普遍，尤其体现在小的家装公司上。他们为了生存连互联网思维都没搞清楚，就打出家装互联网化的旗号，迈着传统装修的脚步，开始忽悠签单。用户是无法辨别谁是谁非的，反正都是"互联网家装"，一个比一个更烂，最后都没人打这个旗号了。

(6) 阶段性付款对现金流的冲击，稍有不慎就会资金链断裂。

一些家装互联网化公司为了缓解用户的经济压力和促进签单，一般分两次或三次阶段性收回合同款，而一旦工地集中开工，或定制品出问题，出现工地延期，则会造成后续款项收缴困难，导致资金链紧张、拖欠供应商的货款，继而发货也延期，那么工期还可能再延期。在这种情况下用户体验感非常差，甚至造成退款挤兑，继而引发供应商、工人连锁挤兑现象。实创装饰、苹果装饰、一号家居网、我爱我家网等关门或跑路均是由这类问题引起的。

为了杜绝这一问题，有的公司实行一次性收款，或者通过装修金融提前收款。

(7) 低毛利对净利润的冲击，费用率过高可能就不挣钱。

家装互联网化公司控制平均毛利率在30%以内，总体费用率控制在20%左右，才能达到税前净利润为10%左右，否则税后净利润可能是负值，必须得降本增效。

毛利率－（固定费用＋变动费用）＝净利率，反映产品性价比、运营效率和经营能力。

怎么在增加营收前提下控制固定费用和变动费用是成本控制的关键。

(8) 人工、材料等各项成本一路上涨，标准化产品总不能老涨价。

从2016年到2017年，营改增（原来的税率统一是3%，营改增后，材料是17%，施工税率是11%，材料方面可以找厂家开票抵扣税款，但施工基本没票可抵扣）、工费和材料价格上涨对标准化产品的价格影响很大。

爱空间、积木家、橙家、万链、速美超级家等标准化家装都先后涨过价，有的还涨了好几次，美其名曰产品升级，其实都是为了应对各项成本上涨导致毛利率下降采取的策略。

那么除了涨价还有什么应对之法？就是让内部成本控制跑赢外部成本上涨，并提升品牌优势，让品牌有一定的溢价能力，在价格差异不太大时，让客户选择该品牌。这条路最难，但收获可能最大。

(9) 产业链最大的获利者未被撼动，供应链整合任重道远。

"名创优品撕掉了最后的一层纸，即零售终端价格的虚高，一是源于渠道的陈旧与沉重，二是因为品牌商对价格的贪婪控制，把这两个打掉，价格的变动空间就突然出现了。竞争的要点也许真的不在线上或线下，而是工厂到店铺的距离。"一位财经作家这么总结名创优品的成功之道。

谁是建材家居行业最大的获利者？是以红星美凯龙和居然之家为代表的建材家居渠道商。环顾整个建材家居行业，年度营收最高的也是家居卖场。建材家居企业都成了卖场的打工仔了。卖场对行业的贡献是店越开越多，面积越来越大，装修越来越豪华，租金和广告越来越贵。这些成本最终会反映到商品的销售价格上，由消费者买单。

围绕着建材市场、建材家居卖场、家居城等寄生着一批经销售、代理商、分销商，他们仍然是厂家的最大销售端口，而家装互联网化公司的出货量还很小。谁销量大，政策倾斜就大，家装互联网化的供应链整合任重道远。

■ 家装互联网化现阶段是"半互联网化"

走向产业互联网

产业互联网化是指一个行业的流程、环节建构于互联网之上，彼此间发生了深度融合与反应，该行业核心部分被互联网部分或全部重构，衍生出一种以传统行业为外部媒介，带给用户一种完全不同于传统行业的体验。

分析人士认为，产业互联网化是互联网对传统行业进行深度改造的一种变革，这种行为让传统行业的交易方式、盈利模式、购买体验等核心环节均发生了根本性改变。这些改变最终促成了一种新体验的产生，这种体验有别于传统体验，全部都在线上完成，所有的协议与流程都在大数据智能后台完成，用户只需要下单和享受整个服务流程即可。

家装互联网化现阶段依旧是"半互联网化"

首先，家装互联网化还是那个家装，"家装"的属性没有变。交易方式基本没有变化，还是得线下见面或到店体验，然后再下订单，一般是一两千元，此时若线上交费也只是走流程。当然也有线上预售，交几十或上百元的费用作为预约金，并不是订金。另外，在施工层面，只是让施工工艺和排期更规范和标准化，水、电、木、瓦、油工和以前差不多，较为传统。随着住宅内装工业化的到来，施工或许会有革新。

其次，家装互联网化还没有形成交易闭环。淘宝之所以可以改变传统的零售模式，就是因为支付宝这个独立的交易系统。而家装互联网化还没有独立的交易系统，企业做的那套用户不认可，觉得钱打给装修公司可能是狼入虎口。这里最核心的问题是用户对家装消费的各种不确定性产生不信任心理，还有公司的品牌没有达到可以传递出更多信任的程度。家装消费的复杂性，本身就让交易系统难产，到底谁来判定结果的好坏呢？当然，用户更相信自己。

再次，技术驱动家装行业发展只完成了前端工作。在签单、场景体验、量房、设计等前端，互联网改造较为明显，但后端的技术应用改造停留在信息化工具上，对人的解放还远远不够。

还有，产品化程度不高，削弱了可复制性。家装互联网化公司的很多标准不成熟，也不稳定，变来变去，还在不断迭代中。**比如供应链上，公司材料配置不是基于对大量用户的消费数据调研和需求分析模型而选择的，而是基于和厂家或高层的关系才建立了合作，材料选型多少都有些主观臆断。**

如此的配置标准，怎么可能打造出用户叫好的爆款产品呢？这只是举例了一个标准，还有更为复杂的施工、运营、城市扩张等体系标准也有一堆问题。

最后，家装互联网化与物联网融合的物流体系还在搭建中。业内人士认为，这个行业和物流密切相关，只有通过互联网建立起与物联网深度融合的物料流通体系才能算得上是真正实现了互联网化。而目前家装互联网化有一部分材料实现了 F2C 集采、厂家直供，如瓷砖、地板、卫浴等标准品，但一些定制品还是得找当地的代理商合作。

家装行业内部复杂，系统化改造极为缓慢。零售、旅游、外卖能被互联网快速改造，就是因为内部结构简单，只要解决订购模式问题、建立交易平台就完成了一半，加上线下商务拓展和用户关系维护都无须什么复杂技能，内部容易产生一种内在推动力。

而家装行业太复杂了，牵涉人员众多、周期长、人员专业能力和素质参差不齐。还多是通过人去完成事情，且环环相扣，牵一发而动全身。相关人员可以把自己的工作做好，但下一环做不好还可能产生坏的结果，这样容易形成内部阻力，推动起来很慢。就算开发了一套超级厉害的 ERP 系统，也得所有人都上线操作才行，这个执行起来就不简单了。这也是家装行业互联网化面临的一个挑战。

还有互联网之于家装除了作为信息化工具，就是互联网思维的运用，也就是对用户思维的把控，这点家装互联网化公司做得也不好。

总体来说，"互联网"＋"家装"确实还没有发生"化学反应"，没有产生"新物质"，也没有对传统装修产生颠覆性改变，甚至传统行业的一些做法还在被家装互联网化借鉴。但也绝对不是简单的物理叠加，是处于"半互联网化"阶段，也可以理解为家装互联网化的初级阶段，最起码效率和费用成本构成已经发生了巨大变化。

第5章 家装互联网化的底层逻辑

效率为先，团队、成本和用户体验紧跟

重构产业利益链

"入口论" ＋ "轻硬装，重软装"

标准化与个性化的统一

规模化复制下的 "1 ＋ N ＋ X" 产品逻辑

消费生活场景而非材料

家装互联网化 CDCT 模型

■ 效率为先，团队、成本和用户体验紧跟

刘强东根据自己的创业经历，总结了"一拖三"的基本规律——团队、用户体验、成本和效率，而从这四点基本上也能判断家装互联网化公司是否有价值。

一是团队。人确实永远是最重要的。

二是用户体验。不管是做产品还是做服务，是做硬件还是做软件，是在互联网还是传统行业，比拼最核心的是用户体验。

三是成本。任何一种商业模式，如果不能够把这个行业的成本降低，最后都是有问题的。早年刘强东说过，京东成本比毛利更重要，他希望能够把京东的运营成本大幅度降低。因为自己的成本降低之后，才有持续的能力为消费者提供低价。如果成本没有下降，只是短暂地为消费者提供低价，最后是死路一条。

四是效率。公司现金流比利润重要，核心说的就是效率。现在大家看一下京东的成本，如果把京东金融、京东智能、京东到家，把云的投入，所有跟京东商城无关的新兴业务剥离的话，京东的费用率不到10%。而国美、苏宁、沃尔玛、家乐福等，它们的费用率至少是15%。如果京东把食品、书籍这些低值的东西去

掉，只看电子产品的综合成本，加起来不到8%，跟国美、苏宁相比，京东的费用率降低了50%～60%。

可以说，今天市场上成功的公司都做到了以上四点。在优秀、成功的团队基础之上，再至少做到用户体验、成本或者效率三者之一，同时另外两点又没有减损的情况下，基本上就可以算成功。千万不要认为只要用户体验好了就一定能成功。

具体到家装行业而言，这个"一"是效率，其他三点支撑效率，用户体验是结果。因为这个行业太低效了，无法单独去优化用户体验，最终都会回到先解决效率这个根本问题上来。

积木家对装修行业的未来趋势有两个判断：第一，用户年轻化会对现有装修行业的产品和经营模式产生强烈冲击；第二，高毛利时代已经过去，未来谁能"剩"者为王，就看谁能在成本结构上保持领先，而核心就是提升效率。其战略定位"好的装修，其实不贵"的成败就在于是否效率领先。

再说团队，很多家装互联网化公司的创始人经常会提到自己团队如何好，找到什么人了，团队的干劲、创业精神怎样怎样，很是自豪。这个行业要做好，就要落地，现阶段主要还是靠人，靠团队去做。

早先，家装互联网化公司在团队建设和成本控制上做的工作值得肯定，之后更多是在效率提升和用户体验上发力，也重构了成本结构，对传统装修冲击很大。

遗憾的就是用户体验还没有质的变化，甚至可能都不如老牌装修公司，但我相信这是阶段性的。事实上家装互联网化公司确实想做好，但由于发展速度过快、团队没磨合好，又出现了很多新问题，不过就像圣斗士一样，有梦想、又落地的团队是不会被同一个招式打败两次的。

上海星杰装饰董事长杨渊说："在创业早期，想法很简单，就是不断给用户解决问题，到2015年做到了十多亿元产值后，就离用户越来越远了，然后停止增长，到2018年业绩都没突破。"他深刻反思，**决定重新开始、重新做这家公司，重塑价值观共识——以客户为中心，奋斗、创新和分享。**

2018年星杰装饰调整后，开始聚焦江浙，做强本地、做大区域，现在又重回区域市场第一。杨渊认为星杰装饰靠现金流的阶段过去了，需要持续盈利，"这两年没有那么焦虑，而是越来越清晰，专注企业发展的本质，为客户创造价值，创造好的体验。"

如果按照流行的说法，把家装互联网化分为上半场与下半场：**家装互联网化上半场解决效率和成本问题，而下半场则是解决信任问题，信任问题的根源在于用户体验**。不过对于大部分公司来说，上半场还正在加速跑中。

■ 重构产业利益链

什么是商业模式？商业模式是利益相关者的交易结构。利益相关者就是产业链里的供应商、客户、工人、员工等，简单说就是所有的甲方和乙方。

商业模式为企业的各种利益相关者提供了一个将各方交易活动相互联结的纽带。从交易结构能看出企业上下游是否健康、合理和可持续。

传统家装链条上各个角色的错位及收益的病态，使得行业根本就没法发展好，用户体验怎么可能好？

家装互联网化一定是产业链的重构者，会提升行业效率，降低各项成本，并提高用户体验。

善意发心，重构利益链

这个行业不需要一家与传统装修公司没本质变化的大型装修公司，而是需要一个能重构利益链，从根本上解决这些问题的公司。

比如，让设计师回归设计的本质，高水平的一套设计方案批量复制，费用摊销给多个业主，并以用户服务为 KPI 考核项目，促使设计师服务已成交用户，改变行业现状。

另外，在供应链上，降低用户的选购成本而精选品牌、优化型号和花色，并依托 F2C 统签分采，区域代理提供服务，降低采购成本。

在施工上，如何管控这些素质和能力良莠不齐的工长？其实最核心的是一个利益分配和监控的问题，钱的合理分配以及监督机制很关键。另外可以尝试转变工长职能，除了调度工人外，再增加核算、协调材料和物流配送工作，并承担质量管理工作。

如积木家的使命是"让用户有更好的家装体验，让从业者在阳光下有尊严地挣钱"，这也是其社会价值的最终体现。坚持"善意发心"的企业价值观，让用户花更少的钱，获得更好的体验；供应商有更好的销量，更简单的供应模式；施工方有稳定的工程量，稳定的利润回报。积木家只赚合理利润，打造良性生态链，没有利益受损方，共赢共发展。

再看 OPPO、VIVO 手机的崛起原因，其中一条就是提高渠道动力，也就是让经销商有非常强烈的意愿去力推产品。怎么做？关键是保持价值链利益的均衡，即厂家挣多少、代理商挣多少、零售商挣多少，要有一个合理的切分和界定。因为市场层级越低，消费者越容易受到推广和渠道推荐的影响，自主决策就越少。

合理的利益分配，让链条上的人都能体面生活，这是家装互联网化努力的方向。

资源整合，打造生态圈

在泛家装行业，当产业链条足够长，且整合的利益方更多、更大、更紧密时，就可能形成生态圈。

什么是生态圈？就是用品牌、资源整合产业链，跨领域发展，真正发挥出品牌的协同力量。打造生态圈就要求企业用品牌的背书和积累的信任，在主营业务之外，实现跨界融合，既为用户创造更多的价值，又为企业拓展更大的利润池。

如阿里巴巴，在电商以外布局金融、物流、旅行等领域，打造自己的生态圈；欧派一开始只经营橱柜，后来跨界到定制厨房，再到大家居；中国平安除了布局互联网金融领域，还围绕"医、食、住、行、玩"的生活需求，衍生出"平安医生""平安好车""平安好房"等子品牌。

在家装行业，目前有两类生态圈：一类是自建的，如土巴兔；一类是"邦联制"，如少海汇。

先说土巴兔，一开始做内容和 SEO，积累的自然流量在行业内算是最大的，从信息撮合到深度赋能，再到助推全屋定制数字化转型，每一板块都比较强；而且一直有"埋头苦干，做好再说"的品质，相比那些开会发新闻，没做好重新发布再做的公司而言，这点我更欣赏。

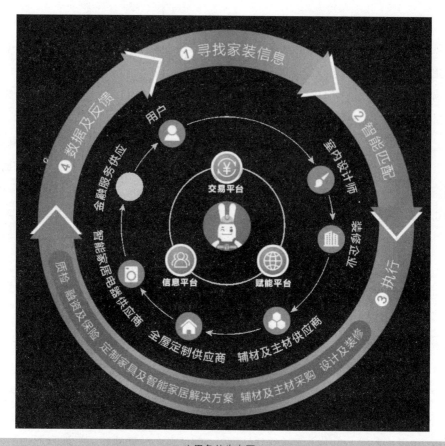

土巴兔的生态圈

再看少海汇，不是一指禅光挑逗，而是握紧一个拳头打人。少海汇是一个以智能物联家居为核心、志在引领高端智能生活的生态圈，它不是一个公司，也不是一个集团，它是一个去中心化的组织，由50余家企业组成，包括做大客户装修的海尔家居、做智能家居整体解决方案的有屋科技、家装互联网化开创者有住网、机器人行业领先者克路德、做中高端家装定制的博洛尼、做智能木门的欧克玛、寓公网、爱上办公等企业，年产值过百亿。

与品牌形象理论、定位理论和品类理论相比，打造产业链生态圈是更高维度的竞争，当然不是每个企业都能玩的，而是得到一定的阶段和赛道才行。

■ "入口论" ＋ "轻硬装，重软装"

家装互联网化的"一王三后"是指硬装（精装或整包）套餐＋家具、软装＋智能家居，先通过高性价比的整包套餐吸引用户做基础装修，然后再通过后续的家具、软装、智能家居谋利。

本来做完硬装后，整个装修并没完成，"一王三后"看似是销售策略，其实也是产品逻辑和盈利模式。

这有两个重要支撑：一是"入口论"的盈利模式，二是"轻硬装，重软装"的普遍认同。前者是互联网产品的惯用方法论，后者则是家装行业的行为理念。

"入口论"的盈利模式

在 PC 互联网时代，企业往往是通过一个免费的杀手级产品，获取海量的"小白"流量而非用户，再通过增值服务或产品让一部分用户买单。

而移动互联网虽然行为模式是 C2B，但家装互联网化也需要对用户有吸引力的产品或服务作为流量入口，比如免费验房、量房、设计、预算、报价等，这些是获客的入口，先吸引用户报名。而要签单，势必得给到更实际的利益，比如高性价比的基础装修或再加品质主材构成硬装。

事实上传统装修是将"低价"作为入口，然后依靠施工的增漏项、主材溢价，甚至偷工减料获利。家装互联网化剔除了传统装修行业不合理的利润，更透明了，通过降低获客成本，及 F2C 集采降低主材价格，施工无增项等，将平均毛利降至 30% 以内。

分析来看，施工透明了，供应链的利润沉淀也有很多条件，靠增漏项的收益是不可持续的，将硬装作为入口产品，再通过家具和软装的一体化设计推荐销售，是顺其自然的市场行为。

不过在家装行业，羊毛出在猪身上，也可能没人买单；实践证明羊毛出在羊身上，羊买单，是最朴素的常识，所以硬装的营收得能让公司盈利。

"轻硬装，重软装"的普遍认同

在住宅的功能合理性和实用性要求基本一致时，出现了不同的装饰理念和手法，如轻硬装、重软装、原生态装修等，使现代家庭装修风格有日渐多元化和多样化的选择。

而轻硬装、重软装是一种家居装饰手法或理念，与传统装修侧重点不同，但目的皆在美化建筑及空间，为人们提供适宜的生活空间。

硬装，含基础设施，如水、电、气等，以及为了满足房屋的结构、布局、功能、美观需要，固定在建筑物表面或者内部的装饰之物（也含色彩），是不可移动、难以更换的。有各种装修风格，如中式、西式等。

轻硬装，就是把繁杂烦琐的、可做可不做的工程去掉，比如吊顶、墙面造型等，在不影响效果的前提下少做或者不做。当然传统装修公司希望客户想做的东西越多越好。

软装，多指附加的装饰物、设施与设备，是便于移动与变化的；更强调个性的、随意的行为，如摆个工艺品。

重软装，是指墙面造型减少后，可以在墙面上用装饰画或者工艺品来装饰，如在靠近沙发的墙面上不做造型，挂上幅字画或工艺品。

这样做的好处是，过些日子新鲜感没了，就可以将字画或工艺品换到别的墙面上去，又是另外一种感觉。但如果墙面上做了造型，时间长了就会有审美疲劳，还无法改动。

需要强调的是轻硬装并非不重视装修，而是避免装修过度，堆砌材料产品。重软装意味着追求细节的完美，其多变性、灵活性也更易于营造一个人性化、个性化的生活空间。

另外，轻硬装、重软装的优势及误区须特别说明一下。

首先，满足了个性、时尚与随意的要求，若"时尚"不流行了，易于更换，但不好改变装修风格，装饰品亦需与家装风格相匹配。

其次，是环保，基材尽量简约环保，尽量减少装修污染，故装饰品也是重要的环保因素。

再次，经济上更灵活与充裕，但并非省钱之举，轻硬装可以保证基本的居住条件，软装则能将改善提高与个性要求更加随意完成。

硬装是底子，也是里子；软装是面子，决定品位。黄渤在电影《斗牛》中饰演了贫穷胆小的破落户"牛二"，穿着破棉袄，邋里邋遢；而在电视剧《锋刃》中饰演的沈西林穿着貂绒大衣，是个"高富帅"。黄渤的不同行头就说明了问题，人还是那个人，而当造型、服饰变化后，立马判若两人。你想底子有多个性？无非就是头发修修，胡子粘粘，给你多种选择就可以解决很多问题！

从硬装到软装，标准化家装公司也有天然的优势，经过硬装阶段与用户的磨合后，更懂得用户的需求。且软装和硬装在设计上需要一体化，软装风格也需要硬装材料的铺垫，而根据硬装方案可以推荐合适的软装家具。搭配起来的软装家具的价格低于卖场，但毛利高于建材。

宜家的成功，值得行业深度思考。在这个时代，用户已经有的住，但并没有住得更好。在消费升级的大背景下，"轻硬装、重软装"的潮流将加速兴起。拥有强大软装供应链及新型体验消费方式的公司将崛起。

■ 标准化与个性化的统一

大家都知道，家装互联网化是以标准化为主导的，那么问题来了，怎么满足用户的个性化需求呢？

(1) **高度集中的标准化也来自个性化的大数据积累。**家装互联网化所谓的爆款，只要服务足够多的用户，总能在繁多的个性化里找到共性，当不少人都有这个需求时，那它就不是个性化了，会在产品升级迭代时成为标准化的一部分。

(2) **个性化需求也在发展中变化。**我的第一部手机是2005年暑假做家教办班时买的，诺基亚中最便宜的"1100"，还是移动充话费送的，那时只要能打电话、发短信就行；2007年，那款手机丢了，又是预存话费买了诺基亚3110c，满足了彩铃、拍照、听音乐的需求；到2009年，又换成了联想的一款触屏双卡手机，当时有了两张卡；到2012年5月才换成了智能手机，那是HTC的双卡手机，之后又换过三星、华为的双卡……同理，装修的个性化也一样，随着时间的推移，家装互联网化产品也在迭代，现在看来个性化的东西，以后可能都不是问题。比如随着内装工业化的到来，装修的个性化需求在工厂端就能满足。

(3) **前台个性化，后台标准化。**传统装修强调的个性化背后是什么？是选择困感、杂乱、粗糙、不精致，杂乱的个性化导致了低效率，低效率产生高成本，最终会导致用户装修的低性价比。所以家装互联网化强调的是少而精，材料上精致，设计上时尚，功能上人性化，服务上更标准化。

(4) **打造家装互联网化的品牌个性化**。如果把互联网整体家装看作是一辆汽车的话，每个品牌的车 (家装) 都有自己的品牌个性，电影《黑金》里梁家辉饰演的周朝先开会时飞扬跋扈道："我们坐的都是奔驰，都是劳斯莱斯，你坐马自达，怪不得你塞车，你坐马自达，你根本没有资格来参加这个会哟。"

多数人买奔驰不会在意什么材质和动力，话说回来，一旦用户对家装品牌形成了整体性的认知，品牌的信任会让他忘记过多的个性化托付，他会相信最终的结果是他想要的。

(5) **模块化组合避开了"个性化陷阱"**。有经验的装修公司会根据用户对装修风格的偏好和特别要求，对各个装修环节中的模块进行组合，在主材品牌选用、辅材的规格上进行微调，以硬装标准化施工为主，软装个性化点缀为辅，实现"规模定制"，这样既不耽误装修效率，又能保证装修效果。

(6) **细分市场，推出针对性产品**。确实有些地区就是个性化需求多，那就推出单独产品，毕竟整包是满足不了用户的需求的。数据显示，北京家装市场基本都是二手房翻新，特点是局部改造及个性化要求较多。在这样的市场，全国一盘棋，搞一刀切的套餐模式行不通，用户的需求还是要针对性考虑，在整包里体现，要不个性化增项多了，用户体验感会很差。

其实，**选择少也是一种幸福**。为什么印度人的婚姻幸福感比美国人高？因为印度实行种姓制度，阶层划分非常严格，一旦高种姓的女子离婚再选择的空间就更窄，所以大都从一而终。而美国恋爱、离婚都自由，但调查显示，离婚五年后，无论再婚或单身的幸福感并没有提高。

让用户满意的销售和服务也是如此，不要给太多选择。过去很多手机厂商，会做几十上百款手机，用户往往挑花了眼，这个功能想有，那个也想有，最后就是不满意。苹果手机就不一样，只给用户几种选择，坚持"少就是多"，而"少"意味着不会有太多选择。还有谷歌的搜索引擎，用户也可以进行个性化设置，但设置太专业了又很难用，这等于没给用户选择。

所以，目标用户真正不选某一家装修公司的理由不是这一家装修公司给的少，而是这一家装修公司给的选项不够好。

■ 规模化复制下的"1＋N＋X"产品逻辑

满足个性化诉求

在标准化的前提之下，如何满足个性化的诉求？就是"1＋N＋X"。

"1"代表标准品，就是标准空间方案；"N"是"选配化空间"，比如当用户不知道将一个空房间是打造成衣帽间、书房、儿童房，还是打造成老人房时，用户可以在标准品的基础上，进行空间方案的叠加；"X"指具体某个模块的更改，比如选择地砖还是地板，想在哪里做波打线，都可以得到满足。这里"1＋N＋X"解决了标准化硬装的个性化需求问题，也能解决整装的产品逻辑问题。

2015年4月，屈洋创立了六间仓库家居服务品牌，提供室内设计、施工、施工辅助、软饰、智能化家居、家具家电、家政、家居日常用品等相关家居产品。极客化倡导健康、环保、舒适、简化高效的轻简家居生活，提高品质家居生活的贯彻执行力。

目标用户为中端白领，以"轻设计，简生活"为设计理念，产品定位于"轻简"，以北欧风格为载体，将设计驱动作为根本点，以设计优化SKU，而非标准化驱动。它们专注于产品本身，将北欧风格做精、做透，在目标客户中建立起自己的认知优势。通过品牌的不断渗透，降低定位人群与企业之间的沟通成本。

六间仓库的产品理念就是"1＋X＋N"，即基础需求＋个性搭配＋软装搭配，70%贴心设计＋30%个性搭配。其现有两款套餐产品，初见(999元/平方米)和有为(1499元/平方米)。

换个思路，可以将"1"理解为基础硬装；"N"是场景的模块化和硬装升级，满足用户的个性化需求，如电视背景墙与整体装修风格保持一致，还有安装、保洁等服务；"X"就是家具软装饰品了，满足用户对设计的需求。这样，"1＋N＋X"的产品逻辑基本能平衡标准化与个性化的问题。

前端产品与后端产品

整个产品可以分为前端产品和后端产品：X99、X88、1X99 等硬装套餐就是前端产品，需要通过各种渠道推广获取用户；后端产品是个性化升级和家具软装饰品，在前端产品的成交基础上进行的二次销售。

前端与后端的融合，也是家装互联网化产品标准化与个性化的逐渐统一。

其实标准化呈模块化发展，而个性化正在向标准化演变。也就是标准化的产品配置，在每个模块有多个选择，但选择范围是有限的。而个性化需求则通过标准化的配置来满足。

拿软装包来说，要做的是设计个性化、材料标准化，在有限的材料库里，搭配用户想要的一切风格和个性化。

产品组合将会以基础装修为主，加入众多的模块化和个性化，实现标准化与个性化的统一。

"飞轮效应"与规模化复制

为了使静止的飞轮转动起来，一开始必须使很大的力气，一圈一圈反复地推，每转一圈都很费力，但是每一圈的努力都不会白费，飞轮会转动得越来越快。达到某一临界点后，飞轮的重力和冲力会成为推动力的一部分。这时，无须再费很大的力气，飞轮依旧会快速转动，而且不停地转动，这就是"飞轮效应"。

飞轮效应是规模化的逻辑基础，而家装互联网化的轮子就是这样转起来的：高性价比—销售量增加—采购成本变低—竞争优势更大—再换来更大的销量—又取得更低的采购成本和服务成本—最终用户用比传统渠道低很多的费用去装修。

规模化复制以口碑传播为基础。先找到塔尖那些目标用户中的意见领袖，也就是"传染源"——鼓吹手。通过这部分人的装修体验，再影响到他们更多的朋友，找到活跃度高的"传染体"，在社群中建立互惠互利的传播关系。比如提供介绍的提成，或若是介绍亲朋好友的话，装修费用优惠一些。

对于家装互联网化公司来说，要抓营销的本质，将标准化和个性化最大限度统一，扎实做好落地服务，获得口碑传播才可持续。

产品是1，营销是0

产品是1，营销是0，这是黎万强对小米营销的总结。道理很简单，互联网上的一切中间环节被砍掉后，只有产品够优秀，才能放大10倍、100倍的威力；如果产品不够优秀，而将营销放大，是不可持续的。

维多利亚的秘密在中国市场一直备受挑战，很大一个原因就是"重营销、轻产品"。其在中国销售的产品，尺码设计都照搬欧美，完全没有考虑到亚洲人的体型，缺少本土化战略。

有住总裁、少海汇创始合伙人李丕在反思有住走过的弯路时对我说："现在模式并不是核心，未来企业要具备两个能力，一个是线上能力，另外一个就是精益产品的能力。以前线上能力有住并不缺乏，但是产品的内核还是没有做到极致。"

精益产品的能力在家装行业很缺。这个行业其实存在巨大供给问题，供给太差了，客户的需求没有被很好满足，或者说没有被彻底激活。

其实，若要求"价格＋颜值＋功能＋质量＋售后"都做好，在国内根本找不到一家这样的公司。小而美的设计公司，可能有颜值，但没有规模，价格下不来；大的家装公司，标准化要多些，个性化不足，还伴随着其他各种各样的问题。

整个大家居行业还在洗牌，从制造到流通，再到装修企业都在剧烈地变革，能具备精益产品的能力才有机会。

■ 消费生活场景而非材料

海尔董事局主席张瑞敏说："未来产品会被场景替代，行业会被生态覆盖。"

"颠覆性创新"之父克里斯坦森在《与运气竞争：关于创新与用户选择》一书中说："回到用户场景，重新定义用户需求，帮助用户完成他要完成的任务。"

著名产品人梁宁说："**当用户停留在这个空间的时间里，要有情景和互动让用户的情绪触发，并且裹挟用户的意见，这就是场景。**"

很多时候，**用户以为自己是在消费产品，其实是在消费场景。**

反过来说，没有消费场景，产品就不好卖。对家装产品而言，没有和用户相关联的生活场景就无法触发他的消费情绪，增加了销售转化难度。

那么产品研发就需要围绕用户生活场景的真实需求展开，销售就要围绕用户的场景感知触发情绪。

营销活动就是这么一个场景，让用户停留在场景里，花时间了解，酝酿情绪，然后被周围的意见裹挟，被引导，这就是营销的核心。它的核心不在于产品的功能，而在于场景。

在很多硬装套餐中，整装产品都是卖货的逻辑，材料品牌雷同，材质雷同，款式雷同，促销方式也雷同，没有场景，看不到情绪，冷冰冰的，严重同质化，只能拼价格。

对用户来说，好产品不是材料的简单堆砌，而是需要搭建一个完整的家的解决方案。围绕人在居家生活中的各种需求提供解决方案，装修材料、施工从核心产品退为实现解决方案的步骤之一。

比如积木家整装，已经从关注货到关注人，重新定义空间，重新梳理生活模式，围绕着用户在家居生活场景中的所有需求提供完整的解决方案。

针对日常居住的10大空间、20多个生活场景进行针对性的功能设计，全屋120多项人性化设计方案，满足不同人口结构和生活场景的功能需求。

以多功能客厅为例，一级场景是生活空间；二级场景是生活状态，如亲子时光、家人共处、来客交流；三级场景是生活行为，亲子时光的场景有什么变化？有哪些需求？需要扩大休闲区，增大活动空间，是否使用带轮茶几？为了防止磕碰危险，是否使用带有防撞护角设计形式的家具？

用户听到、看到的产品价值点都会被其自动识别、切身感受、亲自验证，再确认是否与自己的生活场景一致。若不一致，就可能放弃该产品，一致后才会考虑买。所以，产品的价值点一定要配衬价值锚。

另外，**从产品升级角度看，一般基于三点：第一个是用户发现与自己的生活场景不符并反馈的问题；第二个是产品经理和 CEO 让所有参与者站在用户的真实生活场景中去发现问题并升级；第三个则是供应商资源优化之下对产品进行更大程度的优化，提升产品性价比。**

北海道地区的 7-11 快速迭代的经验根基有六个字：假设、实践、验证。北海道地区的 7-11 店，冬天准备了很多冰激凌，当地的生意人觉得冬天不会有人吃冰激凌。但 7-11 的创始人认为，如果家里暖气很暖和，人们是希望吃上一口冰激凌的。就算是假设，也要站在顾客的立场进行假设，并通过实际销售进行验证。利用这种"假设和验证"的方法开拓新需求，如今已经是每一家 7-11 便利店的常识。

归根结底，还是回到用户的真实生活场景去考虑产品的一切事情，而非想当然，做些无用功。

有那么一句话：场景重构商业模式，高频场景容易获取用户，低频场景容易获取毛利率，重度场景容易形成产业链，轻度场景容易形成先到先得的壁垒。横向竞争加剧，就深挖纵向场景的深度；单点突破有瓶颈，就拓宽场景叠加盈利点。

■ 家装互联网化 CDCT 模型

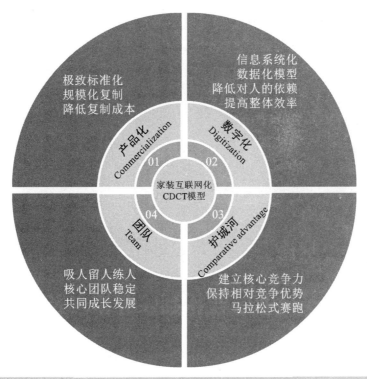

知者家装研究院提出的家装互联网化 CDCT 模型

家装互联网化如何走得更远?

一是标准的产品化

家装难以规模化快速复制的根本原因就是产品化程度低,产品化程度低是因为各项标准化不成熟且不稳定。

请注意标准化是产品化的基石,产品化是标准化的目的。下一章讲到了标准化的 7 大板块、40 个关键变量,涵盖了前端标准化和后端标准化所有流程。

所有的标准成熟且稳定才能形成"产品",尤其是服务体系和运营管理体系的标准化。因为家装本质上是服务业,个性化、标准化的解决方案是基于客户真实需求的大数据积累和算法进化才逐渐成熟的,而单个城市的月开工量、城市数量差异又严重影响各项数据的稳定性和准确性,所以这个过程不是一蹴而就的,而是不断完善的,从标准化到产品化的路还很长。

二是数字化能力

阿里巴巴 CEO 张勇将新零售更多解读为"帮助品牌企业实现商业数字化"。阿里巴巴的新零售实践告诉想做大的标准化装修企业:未来最核心的竞争壁垒在于数据技术。

信息化是高效的管理手段,数字化则是推进信息化的最佳方式。装修链条上的所有过程和节点数据化,做好统一、规范和标准,让装修流程数据实时、统一、在线,并能围绕线上、门店、工地的业务场景反作用到广告投放、内容宣传、设计、物流、施工及售后,这是数据业务化的核心。

在装修服务过程中,每个环节都需要不同的信息化工具,让投放管理、CRM、云设计、电子量房、预算报价等前端系统和材料下单、物流配送、施工管控、财务结算、售后服务等后端系统无缝对接,而不是多套系统拼接,数据在不同板块存储无法调用,且准确性存疑。

其实,大部分装修企业的销售前端和交付后端的系统和数据是没有打通的,多是通过人去协调和调用,且数据的使用很初级。也可以说科技驱动家装行业只是完成了前端改造,而后端只是停留在个别工具的使用上,对人的解放还很不彻底。

三是拉长板，构建"护城河"，补短板

这是为了解决核心竞争力和可持续性的问题，当标准化能力、信息化能力成为标准化家装的标配时，"耐力"就很关键。

可以依靠大规模获客、产品研发能力、供应链可复制性、交付稳定性、口碑运营、各种标准和体系输出、团队执行力等至少一个核心优势建立相对壁垒，拉长板，在其余关键点补短板，互为补充，才能走得更远。

因为家装行业未来 5～10 年由于精装房、装配式的政策因素，人工智能、区块链的技术因素和消费升级的影响，具有极大的不确定性，这是宏观环境和行业外的因素决定的，装修企业没法改变，只能适应，但最起码"活着"才有面对变革的资格。

四是攒人：合伙人和产业工人

最为关键的是两类人。

一是合伙人团队。包括创始人和后续加入的合伙人，专业能力、分工、战略制定和落地执行，以及其格局、视野和胸怀尤为重要，尤其是创始人的。

一般来说核心合伙人 4～6 人最佳，根据企业发展阶段来定：创始人负责战略、融资和找人，一人负责产品，一人负责市场运营，一人负责销售门店，一人负责供应链，再有一人负责城市拓展。而合伙人也不是一成不变的，不管合伙人还是企业上升变慢，另一方都可能出局。

二是产业工人。这是一笔需要持续投入、不断被"改造"的重要财富。工地做得好不好，目前还是人在干，系统只是更高效了，标准的执行还得靠这些工人。

小结：标准的产品化是可规模化复制的基础，数字化能力保证产品化的实施和高效运营，构建核心竞争力的"护城河"可以让企业在家装行业不确定性下走得更远，而合伙人团队是导航和灯塔，产业工人是保障交付稳定性的重要因素之一。四个方面彼此影响，相互作用。

第6章 从标准产品化到产品化家装、装配式装修

家装公司为什么做不大？

标准化是可复制性的前提

不成熟的标准化和关键变量

"人"的标准化仍然无法解决

从标准化到产品化，再到品牌化

标准化与定制化的争论

产品化家装的极致是装配式装修

■ 家装公司为什么做不大

知者家装研究院做过一次调研：在我国，2019年真实产值超过10亿元的装修企业不超过12家。上市的东易日盛和名雕装饰在2019年的营收分别只有38.02亿元和8.9亿元。

"大行业、小公司""近2万亿的家装市场里的一滴水"，常用来形容这种现状。为什么家装行业没有百亿级的公司？为什么分公司开到二三十家就遇瓶颈？为什么难以规模化复制？

这是因为传统装修的一对一服务属性降低了效率，同时装修行业在高度个性化生产服务的过程中又强烈依赖人。

一对一服务拉低效率

(1) 效率降低。设计、材料、工期、效果、成本等都不确定，服务周期长，时间成本高；SKU庞大，影响交付稳定性。

（2）服务成本提高。一对一服务成本高，增加的成本最终会由用户买单。印花税的诞生和流行，主要是由于征税成本很低，凡做生意、签合同或公证的，都会主动上门要求盖章并乐意交税，一两个人、一张办公桌就可以搞定大多数事宜。

部分传统装修企业由于自身的低效率和高成本，必须保持高毛利，那经营怎么办？以签单为导向，用低价让利吸引用户。若不提升生产运营效率，想要产生利润，只能有两种解决方式：一是签单前漏项，施工开始后再增项，"低开高走"；二是低价低质、偷工减料，以节约成本。

两种方式都会影响用户体验，趋近于一锤子买卖，使这部分装修公司获客越来越难，商业模式也愈发以销售为导向，进入恶性循环。

强烈依赖人，可复制性差

家装行业链条极长，参与主体和岗位极多，本身又缺乏标准，或标准很初级，不成体系，主要靠人的经验和责任心完成工作。参与其中的人又很难管理，甚至管不到，在以销售为导向的前提之下，各装修公司八仙过海，各显神通，没有可复制性。使得各岗位的可复制性与连接客户和工地的数量成反比，城市的规模化复制能力变弱。新开拓一个城市的市场，就等于从零开始，白手起家，二次创业，经营的好坏主要看这个分公司总经理的能力了。

孙威曾总结实创装饰亏损的分公司的一个共性问题就是负责人不行。

曾经，我和东易日盛的董事长陈辉共同参加上海互联网家居领袖峰会，会后在组委会的库房里私聊，他也总结说："人的因素是制约公司发展的最大瓶颈"。

装修行业内一对一服务和强烈依赖人的共性是标准化不足，个性化解决。这两点相互作用，前者拉低效率、拉长服务周期，让可复制性更难实现，也更依赖人在过程中个性化地解决问题；而人的个体差异也让一对一服务在众多不确定的变量中，又增加了"人"这个更加不确定的关键变量。

■ 标准化是可复制性的前提

案例一：福特 T 型车引发了制造业的革新

1903 年，亨利·福特创立了福特汽车公司。1908 年，第一辆 T 型车诞生，开始了其辉煌的 19 年。同时期其他公司装配出一辆汽车需要 700 多个小时,福特汽车公司仅仅需要 12.5 个小时。而且,随着流水线的不断改进,十几年后,这一速度提高到了惊人的每 10 秒钟就可以装配出一辆汽车。与此同时,福特汽车的市场价格不断下降,1910 年降为 780 美元,1911 年下降到 690 美元,1914 年则大幅降到了 360 美元,最终降到了 260 美元。19 年内生产了 1500 万辆汽车之后,福特汽车公司终于完成历史使命,让美国因此成为"车轮上的国度"。

(1) 生产:用流水线代替手工作业。

(2) 材料:用更轻、更结实的钒钢代替原材料,油漆统一用黑色。

(3) 人群:针对中产阶级人群。

(4) 销售:售价从 2000 美元降到 260 美元,相当于当时普通工人两个月的工资。

(5) 技术:将发动机缸体和曲轴箱合并成一个零件,气缸盖可独立拆卸,以及为了换挡更为方便,使用行星齿轮变速器等。

(6) 管理:用更好、更少的工人,把工人待遇从 2.5 美元 / 小时提升到 5 美元 / 小时。

福特汽车公司应用了大批量汽车生产以及大批量工厂员工管理的方法,更别具匠心地设计了以移动式流水线为代表的新生产序列。它对高效率、高工资、低售价的结合对当时美国制造业来说是颠覆式的改革创新,这套方法因此被称为"福特制"。

案例二:**餐饮行业规模化的启示**

肯德基、麦当劳、必胜客、星巴克是餐饮行业的巨头,它们有三个共性:第一,所有的产品都是标准化的,包括本地化的油条、皮蛋粥,甚至服务流程、话术等;第二,它们都有完整、标准和高效的供应链体系;第三,这些连锁店的店面设计、物品陈列和窗口展示全世界基本一个样。

案例三:**红高粱的失败教训**

1995 年 4 月 15 日,一位名叫乔赢的退伍军人在河南郑州市最繁华的二七广场开了一家面积不到 100 平方米的红高粱快餐店,宣称将全面挑战全球快餐霸主麦当劳,他选的这个日子正是麦当劳 40 年前的创办日。

乔赢用来挑战麦当劳汉堡的是河南传统名点羊肉烩面，他的广告口号是"哪里有麦当劳，哪里就有红高粱"，并夸下海口："2000年要在全世界开连锁店2万家，70%在国内，30%在国外。"这种十分高调的行动顿时引起国内外数百家媒体的热烈报道，美国三大有线电视网均对之进行了采访。乔赢的事业起步十分顺利，当年就在郑州开了7家分店。第二年，他跑到有"中国商业第一街"之称的北京王府井，在距离麦当劳开在中国的第一家分店只有一步之遥的地方开设了他的北京分店，这自然又激起了一番轰天响的叫好声。

后来，因扩张步伐太快，红高粱的资金链在1998年5月断裂，各地分店纷纷倒闭，公司总负债达三千多万元，乔赢"失踪"。失败的背后，"可复制性"的原因究竟有多高？这是需要反思的。

案例四：生产一扇门只需3分55秒

作为TATA木门的全资子公司，派的门自诞生起就"背靠大树好乘凉"，依托TATA木门生产线一流的现代化厂房及设备，实现"只要你需要，随时随地可以生产出来"的强大产能，生产一扇门的时间只需要3分55秒。

全国用户通过系统下单、系统报价，确定自己要的木门产品、配送时间。派的门则通过系统，在接到订单后一天内联系用户，确定测量条件，条件确定后三天内上门测量。测量后和TATA木门在一天内确认订货单，然后投入生产，生产周期为12天。2016年，派的门的生产周期是15天，2017年，派的门的生产周期是12天，现在提速到8天就能出货。

所有产品均从TATA工厂直接运送到合作商的仓库或用户家里。生产完成后，从工厂发货到上海仓库需要3天，在此之前客服已经跟合作商或用户沟通确定了配送时间，并在系统标注。仓库到货后2天内就能配送到用户家里，3天内上门安装完毕。如有破损，则会在15天内全部解决完毕售后问题。

从以上案例可以看出，**只有标准化才具有可复制性，才有规模化复制的基础**。

家装如何标准化？可以分为前端标准化和后端标准化。

前端标准化：对获客、邀约上门、订单转化、量房、设计方案、签合同、施工交底等实行标准化流程。

后端标准化：对材料下单、施工派单、施工服务、材料进场、各阶段验收、售后服务等实行标准化流程。

前端和后端标准化综合概括：终端（展示）标准化、设计标准化、供应链标准化、施工标准化、服务标准化、运营管理标准化及信息系统化七大块。

目前，家装互联网化在标准化方面的进展大致如下。

已初步实现的标准化：终端（展示）标准化、设计标准化，借助 3D 云技术、VR 等初步形成了展示和设计的标准化。

各家差异较大的板块：供应链标准化、施工标准化。这两块根据各家的市场规模、每月订单量及资源优势等差异很大。

最难攻克的标准化：服务标准化、运营管理标准化及信息系统化。通过技术驱动去革新是主要方式。

这里没有提报价标准化，因为以上这些标准化执行到位后，价格自然是标准化的。

■ 不成熟的标准化和关键变量

标准化为什么改来改去？

家装互联网化的标准化行业内一直有人在提，一直在做，但也一直在改，改了就不一定有积累。这是为什么？

(1) 标准化不成熟，被用户牵着鼻子走。 比如产品配置，一开始是由产品经理和供应链资源相结合制定的，并没有多少消费数据支撑，这种标准化是难以令用户折服的，那么用户就会提出自己的要求，如增加花色，这对供应链来说，又增加了 SKU，效率会下降。

(2) 服务不专业，为了签单而迁就用户。 产品标准化在执行过程中，由于设计师不专业，没有引导用户，反而被用户引导。**设计师不提供更多花色，用户就不签单，提供了，他们还会抱怨太少；而且用户自己搭配的花色，装出来不好看，他们会埋怨设计师，不会怪自己。** 所以，设计师除了专业能力要过硬，还一定要自信，按公司的标准推荐，不要被用户带到沟里去。

(3) 标准化是体系化建设，不能各自为战。 标准化建设有先后顺序，设计标准化和材料标准化是基础，展厅是用来展示设计和材料融合后的产品效果的，VI、获客和销售工具等是引导用户接受和信任标准化产品的手段。如果设计有问题，材料配置也有问题，那么基础的标准化都不牢固，终端（展示）标准化、施工标准化、服务标准化等肯定都难以执行。

(4) 市场规模和扩张没有达到一定的边界。 当分公司在单个城市的市场体量不大，分布城市也不多时，对产品、供应链、服务等的拉伸和迭代有限，很难形成一定的数据规模，使得标准化充满变数。

各标准化板块的关键变量

以下各板块标准化的关键变量仅为举例。

终端（展示）标准化：店面装修标准化、展示标准化、上样标准化、店面管理标准化、体验场景标准化等。

设计标准化：风格标准化、呈现标准化、样板间标准化、效果实现标准化、报价标准化、优化和迭代的标准化等。

供应链标准化：品牌标准化、产品标准化、体验标准化、筛选标准化、环保标准化、物流标准化、仓储标准化、配送标准化等。

施工标准化：工序标准化、交期标准化、质量标准化、成本控制标准化、验收标准化等。

服务标准化：接待标准化、沟通标准化、响应标准化、处理标准化、应急标准化、售后标准化等。

运营管理标准化：岗位标准化、运营标准化、人员标准化、管理标准化、品牌配称标准化、培训标准化等。

信息系统化：技术标准化、投入标准化、人员标准化、开发周期标准化等。

怎么推进这项工作的落实呢？总公司可以成立各种标准化小组，指定小组负责人，实施阿米巴管理，并及时反馈和总结工作中遇到的问题。

现在，家装互联网化最本质的问题是产品化程度低。产品化程度低是因为体系繁杂的各项标准不稳定也不成熟。

标准化是复制和降低运营成本的最重要的一项工作。如果做不好标准化，就不可能降低运营成本，也不可能快速复制。

总之，**标准是什么才是关键**，标准如何让每个人都懂是保障，若是模糊的，怎么换人、换岗都难以达到效果，而这些标准的建立是从用户需求出发的，并可**量化、可执行，其次才是流程、绩效机制的问题。**

同时，也要警惕"过度"标准化，要平衡好标准化、效率以及用户价值的关系。

七大板块的标准化也是分阶段实现和完成的，**警惕过度标准化带来的低效率和对用户价值的稀释，不要为了标准化而标准化。** 标准化的过程有复杂的，有难执行的，有落地就变样的，要综合考虑效率和用户体验之间的平衡。

硬装标准化经过验证是可行的，一定程度可以提升效率、扩大规模，如万链、橙家、沪佳、沪尚茗居、速美超级家等都在这个赛道上竞争。

但家装行业毕竟是产品及服务并重，当将服务及运营管理也标准化，某些点有可能会让效率变低，让用户体验变差，因为这个标准化不一定就是准确的，在不同的市场和区域不一定就是通用的，规模和服务边界的变化都会影响标准化的精准性和执行有效性。

■ "人"的标准化仍然无法解决

便利店的生意是一门好生意，但需要规模化才能赚钱，而规模化的关键是"持续迭代的标准化"。

结论是标准化的提炼依靠人，要满足千人千面和场景多元的需求；标准化的掌握依靠人，但多样标准掌握难，人员学习也慢；标准化的迭代依靠人，但标准化有效期变短，标准再迭代变难。最后"人"成了标准化环节中的瓶颈。

便利蜂 2017 年 2 月开了第一家店，18 个月后门店数突破 1000 家，截至 2020 年 4 月，突破了 1500 家门店。而且，每家都是直营店，相当于同行 10 年的开店数量，2018 年估值为 16 亿美元。

便利蜂有三个特色：一是收银台没人，只有无法线上支付时才会有人过来帮忙；二是利用多业态提高坪效，即便利店＋生鲜店＋餐饮店；三是建构了丰富的线上生活场景，即线上外卖＋线上超市＋线上生活服务。

那么便利蜂是怎么解决"人"这个关键变量的？

创始人庄辰超的做法是"在整个便利店的经营过程中，用极大的使用算法来把人替代掉"，因为"每一个有人的节点都会导致效率下降"，那么干脆就用高效的电脑取代店长的思考和决策，让人类单纯地去服务，让机器单纯地去计算决策。

再看西贝。西贝董事长贾国龙说："西贝的产品说到底不是菜，是人，是每一个西贝人。"

西贝一直有一个逻辑：不是企业好了每个人才好，而是每一个人都进步了，企业怎么可能不进步呢？在每一个人进步的基础上，企业整体进步，这才是真正厉害的组织。

在西贝，有一个共识：一个人的领导力怎么样，不在于能力有多棒，而是这个人能够帮助多少人，这个人的领导力就有多大。这个人能帮助10个人，这个人就有10个人的领导力；能帮助1000人、10000人，就有1000人、10000人的领导力。

每年获得"西贝好汉"的员工，都能直接得到100万元奖励。但是，钱的激励作用仍然有限。所以这100万元不是直接给，而是管上下四代，对父母辈、子孙辈的教育、保险、旅游等费用进行报销。

其实，归根到底西贝都是在解决人的问题，菜品、供应链、服务等可以标准化，人发自内心的笑容是无法被标准化的，但可以通过成长、利益和感情让其一直围绕价值观做事。

家装的标准化，比零售、餐饮行业更为复杂，更为烦琐，对人的依赖更强。而且家装很多步骤是难以标准化的，无法被标准化，因为没有规模和效率的话，所谓的标准化也是初级的，不成熟的。

家装行业也有很多信息化工具，但都是集中解决前端的销售转化问题，对于交付，很多时候还是听之任之，没有在线化，也没有数据化，更没有算法化。

所以在家装标准化中，"人"仍是最大变量。

■ 从标准化到产品化，再到品牌化

从家装互联网化的发展来看，分为四个阶段。

第一阶段是套餐化家装。前端标准化及后端部分标准化，在供应链标准化、施工标准化、信息化标准化等方面都很初级。目前，大部分家装互联网化仍处于这一阶段。

而**传统装修的套餐包则是前端标准化**（如报价，但获客、转化、签约等都不稳定），后端个性化，"价低、人多、不挣钱"会让这类套餐包走向死胡同。

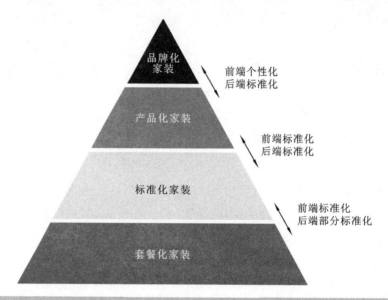

家装互联网化发展的四个阶段

第二阶段是标准化家装。前端标准化，但后端标准化的成熟度、稳定性不够，因为产品还在不断升级，市场也在扩张，还有升级的空间。家装互联网化还没有进化到这一级，在供应链标准化、服务标准化、运营管理标准化及信息系统化方面还有很大提升空间。

爱空间的定位已经由"开创20天的互联网家装"变为了"标准化家装的专家和开创者"。不过对家装互联网化这个新品类而言，路还很长，需要整个行业一起来烧这把火。

　　第三阶段是产品化家装。家装互联网化前后端涉及的所有标准成熟且趋于稳定。怎么理解呢？在可口可乐的生产车间里，第一瓶和第一亿瓶的产品品质是一样的，如果不用显微镜来看的话。因为它的原料、配方、生产工艺等都是一样的，标准恒定，产品才会稳定。

　　标准不成熟且不稳定是不可能实现产品化的，就像工业品制造，材质选择、生产工艺、包装规格等都有严格的要求，生产1万件和生产100万件，理论上产品是没有什么区别的。

　　用商业逻辑来说就是，产品的边际成本不断降低，并且交付产品的所有流程都应该算作装修产品不可分割的一部分。

　　而目前家装互联网化产品化程度较低，10个工地，出问题的比例不下40%。如材料下错、工期进度拖延、施工质量不达标等，过程中导致用户投诉，当然有不少是沟通问题。但为什么避免不了呢？相比工业品而言，若把这些问题工地看成残次品，那占比是很恐怖的。

　　以服务产品化为例。2016年在IBM服务部门成立10周年的时候，IBM提出全面转型"服务产品化"。即通过改变服务的生产方式，把服务的生产过程变得像产品制造一样，将服务的内容分解，实现标准化，再和标准品结合打包交付给客户。

　　这样，服务能被评估，改变了装修行业里服务无法解决的效率、成本、定价、评估和复制等问题，也能更好地提升、优化服务质量，有标准和数据可依，甚至可以根据用户的需求提供个性化、定制化的服务。

　　如此一来，装修服务产品化就可以对外解决用户痛点，对内提升交付效率并降低问题率。

　　第四阶段是品牌化家装。标准化家装从销售属性到服务属性，再到产品属性，最终会过渡到品牌属性；优秀的定制化家装则会从销售属性到服务属性，最终也会过渡到品牌属性。

　　特征一：前端个性化，后端标准化。

　　若在产品化家装阶段就已实现规模化可复制的城市扩张之路，月度合同量会急剧增加，在平衡供应链的边际成本时，就可适当增加SKU，实现前端个性化。

其实标准化与个性化之间互为依托，内在的模块化和部件标准化的不同组合就能实现个性化，好比搭积木，同样的部件可以拼接出不同的物件。

特征二：形成优势认知，建立品牌。

前面说了，**产品化家装品质稳定，问题率低，用户满意度高，最终会在用户心中变得与众不同，从而形成优势认知，建立真正的品牌。**那时，用户选家装公司，不会再在线下看材料配置、设计师、样板间了，而是先选定品牌，再找自己喜欢的装修产品，就像买车一样简单。

再从其他角度来看品牌化家装是行业竞争的必然之路。

(1) 根据知者家装研究院理论模型来看，家装行业效率不断提升必然是用户口碑的持续向好，美誉度提升会增强用户的认知度和归属感。而认知度和归属感就是品牌在用户心理的一种价值体系的外化。

(2) **行业集中度会越来越高，竞争也会越来越激烈。竞争的核心就是争夺用户口碑，而口碑战就是品牌战。**

(3) 家装互联网化企业成本的降低，很重要的一部分就是降低企业营销成本和顾客的选择成本，只有品牌化家装能做到。

以后，用户选择家装应该是这样的。

用户先根据对各家装品牌形成的优势认知进行第一层筛选。

如有的企业擅长装修"三房两厅"，有的擅长"整装"，有的擅长"现代简约"风格，有的主张装修风格要"传递爱"，有的奉行"自然主义"，还有的强调"大"……有感性认知，也有理性认知。用户根据需求或个人价值倾向筛选出要找的家装公司。

如果用户的需求与企业外化的核心优势匹配度很高，如用户的房子是三房两厅的，觉得你是这方面的专家，就会选择你；如果用户对企业的品牌价值主张高度认同，当他真正感觉就是这样的，也会因为价值认同而选择这家企业，然后再在该品牌里，综合价格、配置（材料）和风格等再选择符合自己需求的装修产品。

如果用户的需求和该企业核心优势匹配度不够，或觉得企业品牌价值无法触动自己，如"第一""领导者""开创者"等，导致需求与认知匹配模糊，则会在初选的几个品牌里，再根据价格、配置和风格等选择装修产品。

■ 标准化与定制化的争论

两种家装模式

标准化家装：硬装单价在 1500 元 / 平方米以下，主要是标准化家装的市场，占 45% 的市场总量（未来会达到 60%），以价值 1.7 万亿元的硬装市场来计算，有 7650 亿元的总量，现阶段主场主要为标准化家装模式，以实用型住房为主，改善型住房为辅，未来会诞生 10 个以上家装行业巨头。

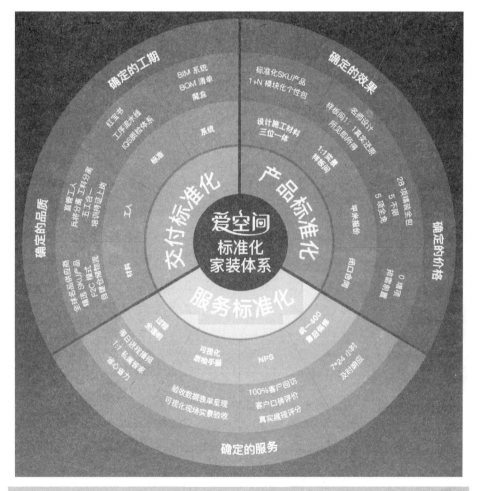

爱空间标准化家装体系

这些巨头基本上会覆盖超过 100 座城市，每座城市平均每月有 200 ～ 300 个订单，一年单城业绩至少 1 亿元。

定制化家装：硬装单价在 1500 元 / 平方米以上，以价值 1.7 万亿元的硬装市场来算，占 35% 的市场总量，也有 5950 亿元的总量，依赖设计师的传统个性化家装模式，即"设计师导向模式"，以改善型住房和豪宅为主。发展稳健的老牌家装公司活得相对滋润，但仍无法突破规模化这道关。

标准化 PK 定制化

2017 年 4 月 10 日，博洛尼的蔡明和爱空间的陈炜在微博里"打起来"了。蔡明说："标准化是开历史的倒车！定制才是未来。"陈炜说："标准化必然碾压定制成未来主流。"其实，这是蔡明给陈炜站台，双方玩了一把话题营销。不过也引来一批行业内人士围观并发表观点，当然也有我。

业之峰装饰董事长张钧的观点：两人说的都有些道理，但又都不完全对。蔡明讲的是趋势和未来，以中高端消费所需为主；陈炜讲的是能抓得住的现今主流，是中低端更认同、关注、需要的。从成功概率和落地实施上看，我投陈炜一票。企业更多的是要能健康发展和活着，这就要求抓住主流和当下。中低端关注性价比更多，易服从于爆款，而放弃个性化，而标准化、大批量化才能真正大幅提高性价比。

尚层装饰董事长林云松的观点：以前的家装，不管是高端还是低端都是完全个性化的家装，所以这个行业是非常缓慢地在发展，随着这两年互联网标准化家装的崛起，给整个行业带来了巨大的动力。我认为未来的家装 90% 都是标准化的，个性化的家装只有 10%，别墅家装在 10% 里面又只占很小的份额。

全国工商联家具装饰业商会副秘书长谢鑫的观点：未来十年乃至更长时间里，定制化家装与标准化家装都将长期并存并逐步融合发展，只是在不同阶段市场占比会出现变化而已。大规模标准化家装的归途，是房地产产品的完整和成熟，即新精装房时代的来临，只是看现有家装行业的进步速度能否赶得上这个时代的到来！

TATA 木门董事长吴晨曦的观点：未来的餐饮行业，套餐和点餐一定是并存的！要努力提升套餐的菜品结构，满足越来越高的客户需求，也要简化点餐的菜品种类，满足食客的方便需求。谁也代替不了谁，反正做低档、不卫生的饭馆会倒闭！

罗辑思维创始人罗振宇的观点：家装业是在补课，补20年前家电业就已经毕业的课。所以，这个阶段，我支持陈炜的观点，会有一个窗口期，展现标准化的力量。

■ 产品化家装的极致是装配式装修

装配式装修破茧而出

1. 政策来袭

2016年2月，《中共中央 国务院关于进一步加强城市规划建设管理工作的若干意见》印发，其中提出要力争用10年左右时间，使装配式建筑占新建建筑的比例达到30%。2016年9月，《国务院办公厅关于大力发展装配式建筑的指导意见》下发，明确提出推进建筑全装修：

"实行装配式建筑装饰装修与主体结构、机电设备协同施工。积极推广标准化、集成化、模块化的装修模式，促进整体厨卫、轻质隔墙等材料、产品和设备管线集成化技术的应用，提高装配化装修水平。倡导菜单式全装修，满足消费者个性化需求。"

2017年3月，住房和城乡建设部发布了《"十三五"装配式建筑行动方案》《装配式建筑示范城市管理办法》《装配式建筑产业基地管理办法》。

2. 行业发展的方向

装修行业效率太低，而提高效率、降低成本、提升用户体验是行业发展的大方向，那么节约能源、节约材料、节约人力、节约工期等必然推进装配式装修的到来。

3. 用户的终极需求使然

用户买了房子，肯定希望能拎包入住，那才是一个完整的家，而工业化装修会让用户的需求更容易实现，比如天花板、墙板不喜欢可以换，省得再进行局部装修。

日本的住宅工业化

有数据说，日本住宅产业装配比例平均达到了 65%，而在中国，这一数字不到 5%。

确实，日本住宅工业化程度很高，其家庭装修类似于工业制成品的组合安装，包括厨房、卫生间、衣柜、橱柜、吊顶等，都是标准化设计的成套工业制成品，装修好比汽车生产线上的装配，流水线作业，质量稳定。

积水住宅是日本最大的综合性企业之一，积水化学工业株式会社的下属企业，是日本实行住宅工业化的先驱者，总部位于日本大阪。积水住宅 2015 年的销售额为 18589 亿日元（约 184 亿美元）。

积水住宅采用住宅工厂化生产组装技术，房屋构件如钢梁、板材、墙体等全部都在工厂按一定标准尺寸生产后，运到房屋建设现场进行组装。

资料显示，积水住宅在厂房里生产一套房屋构件只需要 6 ～ 7 分钟，而建造一栋住宅，从打地基到建成只需要 3 个月时间。这样高速建造出来的房子，不仅有良好的隔音、保温效果，更抵御得了 9 级地震。

而骊住是日本最大的建材企业，从基础建材的生产，到成品房屋的提供，产品线很长，应有尽有。日本土地私有，一般人都是在自家的宅基地上建房子，骊住就相当于国内的承建商，除了用自家生产的产品，还要去整合其他企业生产的产品，实现一体化交付。

装配式装修的探索

装配式装修是将工业化生产的产品和配件，由产业工人按照标准化规范采用干法施工的现场装配化组装过程。这不仅提高了产品的标准化，也提高了装修的精度和品质，还缩短了工期。

装修行业的第一次工业化浪潮是橱柜、衣柜、门、地板、床头柜等由工厂取代手工制作完成，木工随之减少，取而代之的是橱柜安装工、地板安装工、内门安装工。

然而已经过去 20 多年，"水、电、木、瓦、油"仍然是手工作业，现场的装配式作业还未实现。而在日本等发达国家，模块化设计、工业化施工已很成熟。

国内是率先从单个空间开始装配化研发和尝试的，如整装卫浴、集成墙面等。海鸥卫浴从2012年开始就进军定制整装卫浴，又与松下达成战略合作，还定项增发投入整装卫浴。贝朗卫浴在2017年将国外成熟的装配式技术与工艺引进中国，同步推出了贝朗魔块装配式浴室。

其实，整装卫浴只是内装工业化的一部分，在工厂生产好产品，再运到施工现场组装，既能节约原材料成本，又能节约人力成本；且施工现场大部分作业都是干法施工，噪声、粉尘、建筑垃圾污染大大减少。

本书的再版推荐序中提到了装配式装修的四大特征。

(1) 标准化设计：建筑设计与装修设计一体化模数，BIM模型协同设计；验证建筑、设备、管线与装修零冲突。

(2) 工业化生产：即产品统一部品化、部品统一型号规格、部品统一设计标准。

(3) 装配化施工：由产业工人现场装配，通过工厂化管理规范装配动作和程序。

(4) 信息化协同：部品标准化、模块化、模数化，测量数据与工厂智造协同，现场进度与工程配送协同。

不过装配式装修也面临一些挑战，如下所示。

(1) 产业链不完整，生产规模小，导致成本增加，竞争力弱，使得万科等企业在探索内装工业化之路上步履维艰。

(2) 标准不成熟、不完善、不精细，使得企业在实际操作中各自为战，无法形成合力，不利于整体市场的发展。

(3) 市场还需孕育，对现在的产业利益格局冲击大，有一定阻力。

(4) 培养用户习惯需要时间，得先让用户体验到好产品带来的价值。

装配式装修何时进入家装市场？

这要解决家装个性化的问题，需要整个工厂用规模化的排布，还要在线化、系统化。而在线化和系统化需要行业人士共同推进，特别是在产业互联网方面。

因为现在所有的软件都是在传统装修的基础上做的，呈现了场景式的设计效果。但没有一个专业的公司在为装配式零部件进行设计、拆单，直接打通智能制造。

中寓装配创始人吴堂祥认为：装配式装修要进入零售市场，进入家装，需要的是个性化、在线化和系统化，而标准化和规模化现在已经做到了，所以装配式装修在工装上发展非常快。

新冠肺炎疫情对装配式建筑和装配式装修的影响

新冠肺炎疫情的暴发，对各行各业都产生了不少冲击，但也给一些新兴领域带来了发展机遇，比如装配式建筑产业化的发展将进入快车道。

火神山、雷神山医院是极速装配式建筑及装修部分应用的案例。武汉两所防疫医院的快速建成，主要应用了模块化装配式集装箱活动房产品及钢框架轻质隔墙拼装两种装配式建筑模式。内装修应用了装配式集成卫浴及 SPC 地板铺装。

这次的防疫医院的建设比起 17 年前的小汤山医院建设，在装配式建筑技术应用上进步了不少。不过，也爆出一些因仓促施工导致的问题，主要表现在**没有统一的装配式建筑执行标准，在设计、生产、安装等环节都有很多不匹配的地方，模块化的模数不能统一，结构、机电、内装完全各行一套技术体系，没能全面集成，现场很多机电及内装还是按传统模式在现场施工，集成度不到 30%。**这次武汉防疫医院的建设会促进装配式建筑产业化的集成升级。

而装配式装修将会改变装修现状，全 BIM 云平台设计、拆单，所有数据直达机床，全工业化生产，半自动化机器人安装，干法施工，模块化部品，标准化配件，可任意改变空间布局及进行部品调整。极速快装体系已大规模应用在公寓、公租房、快捷酒店、连锁店铺、共享办公、医院等公共空间，也有几大地产商将大规模应用于全装修项目。

装配式装修的未来展望

中寓装配创始人吴堂祥介绍说："装配式 EPC（工程总承包）包工包料的装配式公司现在最大的已经做到 50 亿，未来可能做到 200 亿、300 亿。金螳螂·家、恒韬、广田等都在往装配式转型。中国 A 股有 25 家上市公司发布了装配式计划。"

当装配式把所有的部品、部件都变成零部件，像造车一样造房子、装修，零部件全部在云端建立构件库，让设计师运用到实际当中，后台算法拆单，系统直接把数据传到工厂的车床上，全部是智能制造，这就是产业互联网的应用。

5G 的发展帮助了整个制造行业的提升，装配式的智能制造也将得益于 5G 的发展，前端设计跟智能制造打通具有很大的想象空间。

一旦设计在云端进行时就开始了柔性生产，产业互联网化的威力就显现了。大家居数字交易平台的产生可以催生新的电商业态，可能全部在云端交易，然后将数据直接分发，由工厂发货，集合工人的共享平台负责安装，用户根据征信情况决定是否下单。

未来装修将不是一个产品，而是服务，是全生命周期的全数据化、智能化服务。通过人生数十年五个不同的生活阶段，应用装配式快装可变、可拆、可换、可调的百变功能，自由切换生活场景，把一锤子买卖变成终身服务。

某年 4 月下旬，我应邀参加中国建筑工业出版社的绿装网项目研讨会，看了他们大而全、没有定位的执行方案后建议说："可以专注做知识服务商，就深扎装配式装修领域，有政府协会资源，可以参与标准制定、发布和解读，做用户端的市场教育和内容，提前布局，先只做这一件事，再等待成熟期的到来。"

第7章 从内容传播到实现"品牌心智预售"

从用户特点看传播调性

内容要为建立品牌"优势认知"服务

内容创作的几个关键点

警惕内容创作的六个误区

社会化内容营销的自循环

做一个有温度的品牌

从建立"优势认知"到"品牌心智预售"

事件营销、话题营销各显神通

不同阶段匹配相应的传播策略

"互联网装修大战"案例解析

■ 从用户特点看传播调性

先定个调子，本章节的内容是针对家装互联网化谈的，而不涉及以装修为运营方向的自媒体。

毫无疑问，大部分家装互联网化公司的内容传播主要面向的是有装修需求的用户——人群可圈定，行为可预测。但从时间周期来看，虽然想直接面对精准用户，但实际面对的传播对象相对比较复杂。

如有的微信订阅号运营了一年，主要吸引粉丝关注的方式是腾讯广点通、线下活动、微博传播及内容吸引等，积累了10万粉丝。其中有已服务过的用户、准备要装修的用户、还没交房的用户、已经找别家装修的用户、只是了解装修的用户、替人打听装修的用户……

虽然，这里人很复杂，但家装公司要清楚自己的目的，那就是围绕产品定位、品牌主张传递有价值的信息：产品有竞争力、团队靠谱、服务周到、可放心合作等，以此作为支撑。

给已装修过的用户看到成长和努力。

给正准备要装修的用户看到实力和真诚。

给只是了解装修的人看到专业和水准。

给年轻的用户看到你和他一样"年轻"，都是同龄人好交流。

……

总之就是，踏踏实实做事，勤勤恳恳做人，将团队的态度融入每条内容里，认真、努力、专业、真诚、年轻、打好口碑，看似有些大、有些空，但这些都是最本真的东西，像一个真诚的人一样。

■ 内容要为建立品牌"优势认知"服务

百度搜索指数数据显示，用户搜索装修相关关键词排名靠前的依次是装修效果图、客厅、风格、户型、设计、平方米，其中效果图的搜索数量遥遥领先。

很明显，用户是关注结果的，对于效果的感知更迫切，用户花了那么多钱，总得知道家里会装成什么样子吧！所以，家装公司都爱做样板间，让用户看真实的场景，促进销售。

这也使得很多家装内容提供方基本都会规划效果图的内容方向，图片好看、高大上是一方面，还得让用户相信你们可以做到，毕竟不是单纯媒体号。

这就延伸出了很多支撑这一用户联想的内容方向。

(1) 各种背书，如展示装修企业的证书、荣誉、团队、办公场地、数据、用户口碑等，说明不是皮包公司，保证不跑路，反正就是要让用户产生信任感。

(2) 展示施工标准、工艺，给用户传递出施工有保障、工艺靠谱的印象。

(3) 做工地直播，显示在建工地井井有条，干净整洁。

(4) 讲述用户故事，比如公司服务用户多么殚精竭虑，用户反响很好等。

(5) 举行各种活动、发放福利，以粉丝活动、看工地、产品说明会、发布会等活动跟用户互动，活动要么是市场销售类的，要么是品牌沟通类的。

(6) 揭露装修黑幕，如传统装修是如何施工的，一定要规避风险。

(7) 趣味内容，通过视频、动画、漫画、H5(第五代超文本标记语言) 等多媒体形式结合社会热点和产品来谈，生动有趣，吸引用户关注。

(8) 装修宝典，属于知识、盘点类，算是粉丝福利，是自媒体宣传的常用招式。

传播时品牌调性怎么体现？就要体现品牌的关键特性、差异化定位。**若在内容里，把品牌名称替换成其他品牌时没有违和感，那说明这个内容很平庸，并没有为建立品牌"优势认知"加分。**

■ 内容创作的几个关键点

通过内容可以看出企业态度

家装互联网化做得怎么样，可以先从微信公众号里看看该公司的内容质量如何，如果标题没新意、内容很粗糙、排版很混乱、图片胡乱用，甚至还有错别字，那么说这家公司很专业用户信吗？把房子交给他们装修用户放心吗？

有人说，有些游击队或工作室都没有微信公众号，更别提内容创作了，但是他们也有干活儿干得好的呀！事实上，注重家装互联网化的公司是有大目标的，是有大格局、大视野的。

怎么去挖掘内容

(1) 密切关注公司的一切动态，包括各部门的动态、业务动态，不要闭门造车。内容创作人员也要经常参加销售部门会议，并与公司各部门建立内容及时反馈机制，比如活动现场爆出用户好的评价，或发生了一件有意义的事，都要第一时间知晓。

(2) 多去采访、调查。报社的编辑也不是整天编辑稿子，也要去采访的。有些内容是需要刨根问底的，比如装修用户觉得这个监理不错，小伙儿专业水平好，责任心又强，表扬了几句，甚至送了锦旗，那么内容创作人员不仅要知道这事，还要去深挖背后的故事。

(3) 找素材，多走动。多带着问题与用户、客户经理、设计师、工程经理等去聊，去找故事。

(4) 去看竞争对手怎么做的。多给自己找几个内容的对标微信公众号，千万不要觉得自己公司很大，比别人牛，没必要看别人的。不见得别人的内容就做得没自己的好。

(5) 多关心时事、热点和社会内容，想想怎么去结合。

(6) 善于挖掘故事，创造故事，为品牌背书。有一篇文案叫《为什么苹果CEO 会投资一个淋浴喷头？》，原来这家叫 Nebia 的卖淋浴喷头的公司凭借请投资人洗澡的方式为自己筹得了不少钱，其中就包括苹果 CEO Tim Cook(蒂姆·库克)。

(7) 内容的精细化创作。提前定选题、讨论内容方向，策划与实施同等重要。

另外，**写好一篇内容创作文章需要三种思维：一是用户思维，换位思考，站在用户的角度思考内容背后的东西；二是产品思维，每篇内容创作文章要像产品一样满足用户的某种需求；三是运营思维，每篇内容创作文章都是策划的一个"局"，让用户看了内容顺利"入局"。**

利用内容产生转化率

我们经常会给内容定 KPI(关键绩效指标)，如微信阅读量、转发量、收藏量，新闻稿的百度新闻收录量，有无重点媒体首页或频道推荐，行业文章提及的内容、字数及发布媒体质量等。

而家装互联网化公司也要计算投入产出比，即使短期内算不出来，也总会有办法可以计算的。比如一条微信内容，是关于种子用户征集活动的，那么报名量多少，阅读量到报名数的转化率如何，相比之前的活动高了还是低了，都要去分析，并总结好与不好的原因。

■ 警惕内容创作的六个误区

(1) 文章配图别让工地形象减了分。创作者在创作有关施工工地进度直播的文案时有时会犹豫：工地这张照片要不要放？照片上背景乱糟糟的，工人没穿工装，工地也没标识贴。其实，**用户看不到背后的东西，他会以眼前看到的实际场景判定工人活儿做得怎么样。**假如工地很乱，材料随意堆放，垃圾也不清理，用户看到后会心里不满。

有些装修公司认为活儿干好就行了，那些繁文缛节不要也罢，但少有用户会听装修公司解释。当然工程部得派人去工地将形象做好，宣传人员拍照取材时，要选好角度，既要体现出美感，也要真实呈现。

(2) 文字可以生动有趣，但别浮夸。做内容宣传的人员大多是 80 后或 90 后，受网络语言影响挺大，有些内容里网络用语一大堆，文字表现张弛太大，整个一个暴走漫画的风格。

要知道，**这些内容的读者定位相对精准，就是已经装修了或正在装修的用户，他们要看到实实在在的东西，你铺垫那么多，一会儿抛个热点事件，一会儿来个段子，半天看不到你要说什么，前奏那么长，跟他们有什么关系，不看，走了！**

在小米的社会化媒体运营手册中，有一条规定，将产品无缝融合到社会化媒体的运营中。小米在做内容运营时特别关注互动性、参与性、新闻性，如果这些跟产品无关，则路会越走越偏。小米曾做过微信消息的打开率统计，发现凡是跟产品信息相关的，不管是降价，还是新品发布，用户打开率都能到 50% 左右，更高时能到 70%，但是如果离产品很远的活动消息，打开率可能都不到 5%。小米由此得出的结论是关注小米官方微信公众号的粉丝，多是真正关心小米产品的用户，他们的需求不是花里胡哨的营销内容，而是提供产品信息、查询物流订单、购买小米产品等服务性内容。

(3) 借势热点可以，但别喧宾夺主。经常在企业微信里看到一些与热点结合很紧密的内容，前面说的跟公司或产品没有任何关系，最后提一下品牌，不是不可以，但不要在自己的公众号里做，可以通过第三方去传播品牌。关注企业微信的都是对装修感兴趣的，他们看热点不会从这种渠道获取，容易形成认知冲突。

(4) 给用户看的内容和行业传播的内容是不一样的。两者经常会被误用，比如将太专业的模式、竞争亮点、行业分析等内容给用户看，他们会看得费劲；而将装修知识给行内人看没意义。得在合适的渠道匹配合适的内容。

(5) 内容要支持卖点诉求，不能毫无关联。 每个装修企业都应该有自己的差异点，这是记忆点，也是认知的触点，但不能自说自话，得有支撑，即信任状。在传播时将品牌信任状用户语言通过不同的内容形式向外扩散。

(6) 内容不仅要回应卖点诉求，还要有基于心智的沟通。 当家装产品趋于同质化，USP(独特的销售主张) 策略很难找到产品所拥有的某种差异时，就会出现感性诉求：试图激发某种否定的 (如害怕、内疚、羞愧) 或肯定的 (如幽默、热爱、骄傲、高兴) 感情以促使其购买。虽然家装行业消费属于理性消费，但内容也可以勾起情感的共鸣，这种共鸣不一定帮助达成消费，但对品牌形象是有加分的。

看一个行业外的案例。20 世纪 90 年代初，中国台湾中华汽车企业在商用车界省内名列第一，但这一名号也限制了它向家用轿车市场的渗透发展。策划人员在隐含的文化中找到了"家庭、亲情"的沟通点，以"本土、家庭、亲情"为创意概念，通过"阿爸的肩膀是我的第一部车"的广告，扣住了为人子女的思亲心弦，成功地实现了从商用车到家用轿车的延伸。

■ 社会化内容营销的自循环

现实中，产品转化成内容没转化好会带来一定的负面影响。首先，产品体验还在打磨，口碑用户难以建立，很难指望用户传播转介绍或二次传播；其次，产品优势不明显，或没找到合适的切入点来谈，无法产生自传播；再次，传播渠道有限，重点内容没有投入做成更大的事件或话题来传播。

如何让好内容自循环

其实，**好的内容要发布在合适的渠道，对从各种合适渠道过来的用户要交付好的产品以留下口碑，这样才能培养出忠实粉，然后再通过这些粉丝产生好的 UGC(用户原创内容)，不断循环……这就是好的社会化内容营销。**

把渠道、产品服务及粉丝这三者很好地关联起来，让其自动循环运转，这样就轻松很多，而运营和品牌只需要发挥推动作用就好了，让这三者成为永动机。不过一旦任何一个环节断了，那社会化内容营销就不会有什么效果。

这里，一开始要服务好忠实的粉丝用户，否则影响会很糟糕，本来粉丝用户抱着极大的热情和希望认可你，摩拳擦掌都要帮你传播，而你掉链子，他们就也不玩了。公司的内容运营没啥可写的，循环系统也没转起来，这就糟糕了。

一旦有了好的内容，选择发布渠道很重要，虽然现在微信热门公众号打广告的费用很贵，但选对了，性价比是不错的。

小米对三大外部运营平台的功能做了精准的划分，QQ空间作为引流的重要渠道，是小米开放购买的重要接入口；微博适合做事件和话题传播；微信用来做客户服务。作为小米自己拥有的官方平台，小米论坛主要用于沉淀用户，微博和QQ空间拥有较强的媒体属性，微信则具有较强的服务属性。分工明确，各司其职。

从建立认知到使之信任

用户从不了解你，到认可你有一个转化过程。

(1) 先认知：你是谁？

(2) 再对比：和同行对比，你的优势有哪些？选择你的依据是什么？

(3) 下决策：选定你，签合同。

(4) 使用中：接受服务。

(5) 后确认：是不是和之前说的一样。

(6) 给评价：相当于打分，装修最终效果与期望一致，分就高，便会产生UGC（用户原创内容）。

认知转化过程可以看成是"内容自循环"的分解动作，也是让用户从随机购买到指定购买的标准流程，目的就是要用户产生对装修公司的信任。

■ 做一个有温度的品牌

品牌人格化

品牌在传播时，精选渠道、精准人群是很有必要的，还有就是要让品牌有温度，做一个"暖"品牌，容易亲近和沟通。

如何亲近？就是**让品牌像人一样，赋予其人格化的特征，因为个性不鲜明的**

品牌会湮没在同质化的品牌汪洋之中。换句话说，品牌如果没有立场就没有意义。

一些公司推出了自家的吉祥物，有的也请了代言人。

土巴兔在 2015 年拿到 2 亿美元的 C 轮融资后，请汪涵代言，并推出了吉祥物——绿色调的安全帽兔子形象，看上去很卡通。其广告投入是代言费的 7 至 10 倍，所以我们在公交车、地铁和电梯电视中频繁看到那只兔子。

2019 年，土巴兔牵手雷佳音，不仅呆萌的兔子形象与自带笑点的"雷大头"有异曲同工之妙，而且雷佳音名字的谐音"静候佳音"也暗含一种美好寓意。

土巴兔广告随处可见

优装美家选的吉祥物体现了企业的宏伟目标，即要做家装电商蓝海中最大的家伙——蓝鲸，并给它起名叫大 U。

大家的愿望都是美好的，但最重要的是，企业不能自说自话，而要将这种个性与情怀传递给用户。

看下三只松鼠是怎么做的。创始人章燎原定下了两个原则：①所有客服都必须把自己当作小松鼠，称客户为主人，为主人提供萌式化个性服务；②三只松鼠的所有员工必须以"鼠"字开头，在潜移默化中形成独特的企业文化。为此，他第一个开口，坐在电脑面前对顾客说："主人主人，我是小鼠儿。"久而久之，员工和顾客都习惯了这样的身份。章燎原也自称"鼠老爹"。这招"萌式营销"，便协助公司快速俘获了80后、90后年轻一族的味蕾。

对家装互联网化公司来说，一定要在服务的各种细节上让用户感觉到做事细心、对用户上心，这样的话，即使有些不称心的地方也会包容和理解。

让品牌"酷"起来

2007年我写过一篇文章《"不一样"的生存之道》，里面提到"酷品牌"，"酷"就是要把握消费者的心，"酷随他动"，打造公司独有的品牌附加价值，卖"酷产品""酷文化""酷体验"。

打造"酷品牌"就是以品质、文化、时尚为品牌创意点，以沟通、互动、体验为策略出发点，以动漫、视频、游戏为传播接触点，打造具有销售力的品牌文化。

当然品牌传播的接触点也会随着用户的兴趣迁移而变化，比如现在互联网上网红、直播很火，那么这种形式也可以和品牌传播相结合。

很多人把2016年称为直播元年，那年移动视频直播大爆发，前半年最红的网红非papi酱莫属。而家居行业也借助网红、直播打造品牌年轻化的形象，让品牌"酷"起来。

2016年，在红星美凯龙30周年盛典618晚会上，除了高圆圆、Angelababy、李宗盛、吴莫愁、张靓颖、吴大维等一线明星登台助兴，还有网红到场直播。

2020年，新冠疫情的到来，让大家居行业众多企业纷纷开始直播，比如尚品宅配一场5小时的直播，有770多万人次观看，成交13919笔；金牌厨柜2天共8小时的直播抢工厂活动，观众有300多万人次，订单达10.2万个；圣都装饰直播8天拿下2000多个订单，还捧出了200余名员工主播……

对大家居行业而言，**达人直播和门店直播可能会成为常态，优秀的设计师、高颜值的导购员等都能被训练成直播达人，门店导购也有空闲时间，老用户运营和场景利用的市场潜力需要被充分挖掘。当然，组织、渠道和利益分配方式都需要调整，以适应新的变化。**

■ 从建立"优势认知"到"品牌心智预售"

品牌是企业与用户发生的所有联系所建立的印象总和，存在于用户心智中。

品牌来自用户对产品或服务长期的"优势认知"的叠加。简单来说，长期累积的"优势认知"就是品牌，品牌认知就是品牌在用户心智中的形象。

而品类是用户心智中对产品和服务的具体分类，是用户联想到品牌之前的最终分类。品类代表着客户的真正需求。

当认知与某个品类相连，比如对王老吉之于"想下火"，沃尔沃之于"安全"，海飞丝之于"去屑"等，当对某一品牌的优势认知"等于品类时，那么强大的品牌就代表了该品类。

什么是定位？对客户而言，就是他选择你不选择其他装修公司的理由。当他产生某种需求时，会自动联想到解决这个需求的品类，再关联代表这个品类的品牌。

警惕品牌认知倒挂

一个开光的佛像更值钱，只因大师摸了一下，就产生了新的价值。现实中，很多品牌都想通过价值主张来"开光"。

伏牛堂张天一说："品牌的层次是一个正三角，底层是功能，中层是场景，顶层才是价值主张。"而很多公司在建立品牌时搞反了，完全倒置成了倒三角，底层成了价值主张，顶层则是功能。意思就是在功能还很弱时就把价值主张放大了，会出现价值主张的崩塌。

比如很多人说黄太吉煎饼不好吃，其实不是煎饼不好吃，而是他们花了20元，发现和路边摊5元的煎饼差不多，那他们会认为多花的15元是买了一个吐槽互联网思维的吐槽权。这也是为什么没有人说肯德基的油条难吃，因为他们没有多付钱买吐槽权。

很明显，当产品撑不起用户的价值主张时，用户就会吐槽。产品和服务是根，根不牢，就想"迎风招展，招蜂引蝶"，那是痴人说梦。

商业的本质还是交换，不管扣什么帽子，都改变不了"你有病，我有药，要治病，就掏钱"的框框。若不是等价交换，产品价值没达到用户预期，就会有差评。

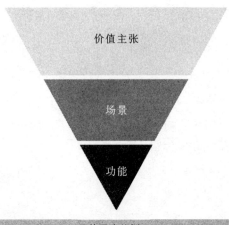

品牌层次的倒置

不管是互联网化家装，还是传统装修，定位也好，品类也罢，若产品和服务没有做好，任何品牌"认知"和期望的"品牌心智预售"都只会是概念。

如何建立"品牌心智预售"

多数顾客面对装修企业品牌，都会问三个问题：你是谁（差异点，也是记忆点）？有何不同（利益点）？何以见得（支撑点，信任状）？

1. 找到差异点

"你是谁"背后的目的是让用户记住企业，怎么记住？就是和竞争对手比起来，有何不同？差异点在哪里？

为什么必须得有差异才能被记住？因为用户的认知不等于事实。判断来自对企业认知，认知可能大于事实，差异点就是转化认知的触点。

当企业同质化时，用户的认知都差不多，是模糊的，判断也就不清晰。甚至在某些方面，无意义的差异化也是有意义的。比如蓝瓶的钙、带圈的薄荷糖、锥形瓶的名创冰泉等，就是让用户看到不同，记住企业，放到认知的心理货架上。

2. 给到利益点

有何不同？不是简单的对比，而是与其他同质化企业产生的差异点能给用户带来利益，哪怕是感性的，或认知层面的利益也行。比如爱空间此前"解放一代年轻人"的口号，要让用户形成这样的认知，必须能让用户切实感受到省心、省钱、省力。

2004年，在我国中高端方便面市场上，康师傅、统一和华龙占据主要市场份额，同时，90%以上的市场都被油炸方便面把控，王中旺想要从巨头口中撕下一块肥肉绝非易事。

2005年4月，卫生部下发文件质疑薯条等油炸食品中含有致癌物质。王中旺立马抓住时机，将方便面取名为"五谷道场"，策划了"拒绝油炸，还我健康"的广告，并选择在央视播出。

广告播出的第二天，王中旺就被电话狂轰滥炸。先是银行行长找到他："你这样做可不行啊，搞得我们压力很大啊。你把别人搞垮了，他们可是不会还贷款的！"紧接着，方便面行业领导直接登门造访，斥责他的做法是在误导消费者，严重损害了行业利益。

因"非油炸"概念走红，"五谷道场"方便面巅峰时期年销售额一度达到约20亿元。然而，辉煌仅是昙花一现。紧接着，"五谷道场"这一品牌又经历了停产、转手中粮，到回归市场却不见起色，2015年营收仅1亿元，最后还是没有逃过被中粮抛弃的命运。

"非油炸"是一步险棋，既然走了价值需求的路线，就意味着它的健康内涵绝不仅只是工艺，更重要的是，如何突破消费者的认知层面，并深度切入。可惜的是这种"优势认知"停留在表面，并未让消费者切实感受到真正的利益。

3. 建立信任状

事实上，用户在消费时缺乏安全感，得先消除用户的疑虑。**信任状就是让用户支持企业定位、打消疑虑的证据，让企业定位可信的事实和行为。**

信任状必须是显而易见的事实或由第三方权威机构提供的证据，还要符合用户的思维逻辑。另外，企业在工作时，任何一个影响信任状的细微环节都要关注，包括听到的、看到的、触摸到的，都是信任状可视化表达的场景。用户会从员工素养、店面陈列、合作品牌、服务导向等不同维度验证对企业的信任。

怎样验证品牌在用户心智中的地位：品牌传播的到达率、用户对品牌的知晓率、品牌在用户之间的传播率、用户对品牌价值的解读程度、品牌带来的指向性购买程度。

内容传播的目的是围绕品牌的定位建立"优势认知",继而实现"品牌心智预售"的目的。

■ 事件营销、话题营销各显神通

2016年1月,博洛尼的CEO蔡明在朋友圈说:"博洛尼每年的大片!今年是公马、裸女、未来的家。"下面有人评论:"裸女、公马和猛男!"原来当天博洛尼为2016年1月18日举办的品牌发布会在拍摄短片。

在后来一篇传播文案里,结尾亮了:"公马、裸女的创意今年可谓博足了眼球。鉴于男性大多要求亲自出演,女性普遍呼唤女权,有人贡献了博洛尼大片明年的创意—— 一个女王范儿的人驾着蜥蜴奴役一群裸男……现在开始报名!"

2016年9月,蔡明请来著名演员蔡明,为北京一场大型活动站台,报道说现场回款1亿元,效果不错!

蔡明是营销高手,很善于炒作事件和话题,还记得收购15万公斤辣椒的事件营销吗?"辣椒营销"从橱柜产品功能入手,以排烟系统作为产品亮点,快速彰显出产品的比较优势,典型的事件和产品的巧妙结合。

事件营销、话题营销经常被用来当作传播策略,而内容营销则配合策略执行。2015年有住网玩了不少营销方案,从3月起诉爱空间进行事件营销,之后靠借势王思聪、清华装修工等新闻冲头条,算是话题营销尝试。还有悦装网CEO邰亮在2015年8月1日发布会现场炮轰互联网化家装打价格战,意指爱空间,话语间火药味很浓,这种方式我不赞成,但也算是一次好的话题营销吧!

这里分别介绍一个话题营销和事件营销的案例。

一个案例是爱空间创始人陈炜与新浪家居全国总编辑戴蓓对赌开战。起因是爱空间推出了一款名为"MINI5系"的产品:五天改造好厨房或卫生间,配备智能系统,并全程装配式装修。但戴蓓对此表示质疑,自2016年11月25日"立字为据"签下赌约后,历经11月28日至12月2日的5天,厨房装修顺利完工,陈炜赢了!

但一开始结果就没悬念了,因为策划的痕迹过于明显,双方冲突的理由不充分，成了一出自导自演的戏，故关注度也就不高。另外行业媒体总编辑挑头，不具有公众观众度，如果是一个明星挑头，还正是她家的厨卫在改造，理由就成立了，效果会更好，但投入更大。

不过，围绕产品找话题的思路是对的，营销得跟产品密切关联。就像惠装网曾在《京华时报》做的两个整包广告："轻点儿，疼！""打脸黑装修，装修省40%——惠装"。一前一后，先吸引眼球，再揭晓谜底，有一定的话题性和讨论性。

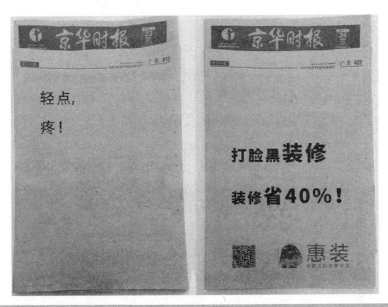

话题和产品 / 品牌密切关联

再看另一个案例，有住网以50万元年薪招聘工长的事件。有住网为了配合产品宣传，在其地铁海报中，直接大字标明：50万元年薪招聘装修工人，要求211/985院校毕业。"50万""装修工""211/985"三个冲突的词语组合，引发了讨论。随即有住网在官方微博进行回应，表示有能力的装修工实在难找，而有文化、有理想的小伙更是难得，所以希望用高薪诱惑，寻得一批靠谱的自有工人。有住网同时还进行了社交媒体、新闻网站等系列传播。

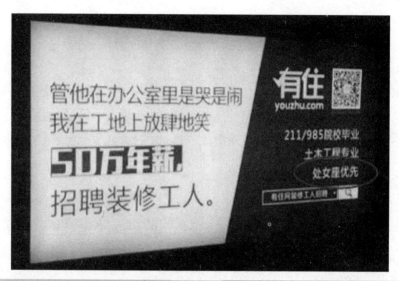

有住网广告

事件营销背后是传播力强的新闻事件，趁火候要将企业与该事件不停地"搅动"，要最大限度地吸收事件的"热量"，将"热量"转变为企业的知名度和美誉度。这"搅动"必须快，否则热度不能最大化地被"吸收"，只会浪费企业的资源。

比如当年蒙牛"搭神五，绑超女"，就是借助该事件的热度，给自己进行"热传递"，同时不断制造新闻点及深度整合各种资源往一处使劲，都是为了最大化地"吸热"。蒙牛当时不谈钱，只谈节目怎么做、怎么推广，谈到最后，时任湖南卫视台长欧阳常林说了一句："除了湖南卫视不能叫'蒙牛台'，其他的资源都可以利用。"

■ 不同阶段匹配相应的传播策略

公关传播既不能吹牛，也要量力而行。家装互联网化公司刚起步时，处于探索期，要做的是先在市场中存活，然后快速试错。有业务单子及现金流、不亏损或略亏，用最低的销售成本找到种子用户，服务好种子用户并使其成为口碑用户。不要指望以资本的形式过早扩张市场，这样估值低不说，资本的价值也发挥不出来。

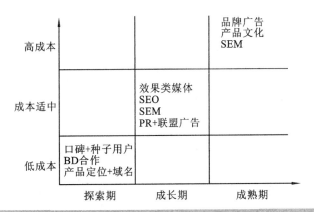

家装互联网化在不同发展阶段匹配相应的策略

在公司成长阶段，推广投入成本要可控，比如专门投放广告到展现装修效果的媒体，充分利用SEO（搜索引擎优化）、SEM（搜索引擎营销）及联盟广告获客，不断优化推广费用，并进行公关传播和口碑传播。

比如通过公益营销，以"大产品、小投入"模式做传播。这些营销最好能和家装有些关联性，找到营销容易切入的社会话题，还要根据企业实际情况量力而行。

举个笔者一手策划及实施的案例。"爱心书桌"是我要装修网（积木家兄弟品牌）发起，各地教育局联办，旨在为农村留守儿童、贫困学生提供书桌的一项长期的公益行动。这个案例算是2015年家装O2O领域最具代表性的公益营销案例了。在百度网搜索"我要装修网爱心书桌"，找到相关结果约23200个，爱心书桌公益项目自2014年6月启动以来，向西安、太原、衡水、南阳、石家庄、武汉等18个城市的20余所学校提供了捐赠，累计捐赠爱心书桌上千张，荣获了2014(第四届）中国公益节"2014年度中国最佳公益践行奖"，并在2015年（第五届）中国公益节又获得"2015年度中国公益传播奖"。

这是一个典型的小公益、大品牌的案例，虽然投入不多，但因为坚持做实事，而且没有任何商业气息，最重要的是持续传播，使得这一公益活动效果明显。

另外也可以通过微博、微信公众号进行社交媒体传播，有好的话题是很容易放大传播效果的。

2016年年初，优装美家联合新浪微博举办了一场全国性的"新年妆新家"活动,10天时间,向网友发放了近10万元红包,吸引了东易日盛、元洲、龙发、科艺隆、轻舟、生活家等中高端品牌装修公司的几百名设计联盟成员参与互动。活动期间,优装美家获得了2.1亿次品牌曝光机会,话题"我的家妆"讨论数高达0.8亿,参与讨论人数达37万,力压"寻龙诀"这一话题,位居微博话题热门排行榜第三。

在公司发展成熟期,就可以考虑品牌广告和产品文化的广泛传播了,但由于行业的特殊性,还得针对精准目标客户群体进行广告投放。

比如由土巴兔装修网独家冠名、北京卫视打造的电视真人秀节目《暖暖的新家》在2015年着实火了一把。与如今扎堆的明星真人秀不同,这是北京卫视倾力制作的一档全新民生服务类节目,从全国招募了12户百姓家庭,邀请多位知名设计师为他们量身定制既时尚又实用的居住环境,用心在45天的时间里解决最令人头疼的装修难题,打造一个"暖暖的新家"。

据说正是因为这个节目太火了,齐家网出了3倍的冠名费抢到了2016年的冠名权,而此时土巴兔已经打开了北京市场。

■ "互联网装修大战" 案例解析

为什么将"互联网装修大战"的话题单独拎出来说呢?因为它实在是影响太大了,不得不提。这是笔者在出任蘑菇装修副总裁时主导策划和实施的案例。

2015年开年,《邦地产》中的一篇《小米式公寓火了之后,雷军又要颠覆装修行业?》将爱空间推到行业的风口浪尖上。随即在2015年1月至2015年3月,同行们打着竞争的旗号进行竞争性对标,虽给自己的企业带来了关注度,但客观上也让爱空间的媒体关注度节节攀升。

在家装互联网化领域掀起的这场"互联网装修大战",算是开年社交媒体营销第一战了,打得好不热闹,各有独门秘籍:爱空间说20天搞定装修,自称"史上最快的互联网装修";而半路杀出的蘑菇装修(已改名积木家)更是开出每平方米599元的价格,打出"性价比最高的互联网装修"口号;有住网同样凑热闹,虽然只是找媒体发软文,但也杀气腾腾。

2015年1月30日,我的一篇《互联网装修大战:蘑菇装修 VS 小米家装谁是赢家》甚是火爆，合计超过 2000 家网站转发了该文章，累计阅读量 100 万以上，引得中央人民广播电台经济之声《新闻晚高峰·天下公司》专门聚焦互联网装修大战，并引用了文中不少内容，也将这个圈子的事儿，推到了传统媒体的关注前沿。

蘑菇装修在 2015 年 1 月 23 日正式上线，通过新闻、社区、SEO、微信、微博等社交媒体进行了立体式的大战小米家装的宣传。

(1) 上线当日，蘑菇装修微信公众号发出首篇内容为《敬友谊、致互联网装修、会小米家装兄弟》的精致海报，几天之内阅读量上万。

(2) 微博话题"蘑菇装修约战小米家装"一周之内自然阅读量达 58 万，讨论量为 1845 次，30 多个加"V"认证人士参与转评或评论。

(3) 随即蘑菇装修发布新闻《"蘑菇装修"上线一周，首批施工 30 户名额遭哄抢》，网易家居、新浪家居、腾讯亚太家居、搜狐焦点、光明网、中国网、新华网、国际在线、凤凰网、新民网等 40 多家媒体发布了该新闻。

(4) 蘑菇装修还进行了网络推广，产品活动推广软文有 800 余条、覆盖 120 个渠道平台，被收录 500 余条，外部链接达 2400 余个。

这种竞争的形式在行业内成了竞相模仿的对象，如圣点装饰的《圣点装饰 PK 爱空间，到底谁抓住了消费者的痛点》，还有《爱空间 VS 柚子装修，家装 O2O 套餐大战谁笑到最后》等无不模仿先前那篇稿子的创作方式和对标策略。

2015 年 2 月 6 日，亿邦动力网做了题为《互联网家装背后：抓住硬装流量入口等风来》等报道，开头就对当时的几个热点互联网家装做了盘点：短时间内大量模式极其相似的玩家入局，互联网思维如法炮制，催生家装行业迅速变成红海。有住网、小米装修、蘑菇装修及搜房网纷纷推出价值"X99 元"的高性价比、快速装修、标准化、APP 全流程产品和服务。

在 2015 年 2 月 7 日西安产品发布会召开前，蘑菇装修原定于当天招募的首批 30 户名额，在此之前就已被哄抢一空。截至发布会当日，产品上线 13 天，官网预约用户达 1300 户，日均预约 100 户。还有个数据可以说明公关传播效果，是预约用户有一半来自西安之外的城市。

当时，在行业内有了以爱空间、蘑菇装修和有住网为代表的三大互联网装修品牌的说法，准确来说应该是家装互联网化垂直模式的代表。

第8章 有效量、转化率与成本结构

有效量与转化率

成本结构与费用率

建立线上线下一体化获客

全渠道营销的七大方式

线下的角逐：获客场景、深扎小区和样板间玩法

线下活动的关键点

邀约及签单流程分析

签单的线性思维

运营型的智慧门店生态

家装社群营销的红利

■ 有效量与转化率

说到单量、转化率及营收等数据，我还是很纠结的，大部分家装互联网化公司也给了我数据，但数据的真实性难以判断，不过从各种渠道（包括供应链）和离职员工那里也能打听到真实数据，综合对比后可以作为家装互联网化领域的参考数据。

先看看传统装修签单成本的现状

一般来说，传统装修公司重点关注的不是数据，也不看转化率，而是通过人海战术作战，年人均产值小于40万元。

正常来说，传统装修从客户报名预约到进店咨询的转化率较高，可以达到60%～80%，为什么会这么高，主要有以下四点原因。

一是公司掌握的一手资料精准，线下、小区、电销的数据质量高。

二是公司推出量房、出预算等免费服务。

三是低价吸引顾客，赠送东西多，甚至还在叫卖"90 平方米家装 28800 元全包，还送万元家电"。

四是公司在小区扎点宣传，且建有样板间。

而到店咨询转签合同的比例基本为 15% ～ 30%，整体从预约到签合同的转化率是 10% ～ 25%，也就是 100 人报名预约，会有 10 ～ 25 人签单。总的销售成本会占到合同额的 20% 以上，甚至达到 30%，主要花在了广告投入、购买信息及销售提成等方面。

而由全国工商联家具装饰业商会家装专业委员会发布的一份报告也佐证了上述的调查数据：传统装修企业广告投放费用（含营销活动费用）在整体收入中的占比平均达到 6.7%，最高达到了 19%。即便是以网络邀约为主的上门成本，在一线城市也达到了 1500 元 / 人以上。

家装互联网化必须要有订单成本的红线思维

以合同额为 10 万元的硬装合同为例，合理的订单成本不超过 3000 元，将销售成本控制在合同额的 5% 以内。

不管是通过什么渠道获客，一定要控制成本，提高转化率。这里涉及效率的提升和成本的降低，综合众多家装互联网化公司的运营经验，有四个关键指标。

(1) 获客及销售转化数据。精准投放的线上付费渠道（如腾讯广点通、头条系、小米营销平台、华为聚点移动广告平台等）的线上访客报名转化率为 3% ～ 5%，上门转化率为 30% ～ 50%，订单转化率为 40% ～ 60%(一次上门订单转化率为 35% ～ 50%，二次上门订单转化率为 60% ～ 90%)，合同转化率为 75% ～ 90%，退单率为 10% ～ 20%。

(2) 工期 45 天之内，零延期，零投诉。

(3) NPS(净推荐值) 不小于 50%。

(4) 相比传统装修，家装互联网化平均毛利率达到 30%，税前净利润可以达到 7% ～ 10%。

文中涉及数据的计算公式说明一下：

A. 访客量＝曝光量×点击率；

B. 预约量＝访客量×预约转化率；

C. 上门量＝预约量×上门转化率；

D. 预约成本＝预算费用/有效预约量；

E. 上门转化率＝上门量/有效预约量；

F. 订单转化率＝订单数/面谈数×100%；

G. 退单率＝退单数/总订单数×100%；

H. 合同转化率＝合同数/总订单数×100%；

I. 毛利率＝(销售收入—材料/人工/物流成本)/销售收入×100%，物流成本是指从厂家到仓库的费用。

这里有个基础是线上访客的流量一定要精准，在访客成本和报名转化率之间找到平衡。假设获得一个精准访客的成本是10元，分别按报名率3%、上门率30%、订单率40%进行推算，1000个访客成本是10000元，有30个报名，其中9个上门咨询，最终有3.6个订单，则1个硬装订单成本是2700元。

随着线上精准访客成本的上升以及上门转化率的下降，装修企业的上门成本在增加。假设一个上门成本是1200元，订单转化率只有10%，则花费1.2万元才有一个订单，若合同转化率也不高，则花费2万元以上才签订一个合同。10万元的客单价，毛利30%，获客成本就占20%，加上销售提成和费用率，最后肯定亏损。

如果是通过品牌传播带来的精准流量，从线上报名到店面的转化率可以达到40%～60%，订单转化率达到50%，即从报名预约到下单的转化率是20%左右，100个人预约，有20个人会下单。

获得装修订单需要很强的销售能力，转化为合同需要设计能力。家装互联网化毛利低，使得装修公司必须提高转化率。

环环相扣，为转化负责

虽然家装互联网化公司从访客到成交的过程多少都有差异，但总的来说，装修一般的运营流程是访问量（信息量）— 报名量（预约量）— 上门咨询（抑或理解为见面）— 产 生 订单— 量房— 设计方案— 合同签订— 开工交底— 硬装— 家具软装。

这是一个环环相扣的转化和服务流程，必须得有组织架构的保驾护航。一般情况下，这些职能部门是要有的，岗位人员不一定都有。

店长能力模型

店面总经理：负责整体项目的经营，重点关注经营数据和各环节的转化率。

市场部经理：为上门咨询量负责，全面负责线上和线下的市场推广，要懂活动策划及组织实施、新媒体营销，最好也懂对家装顾问的管理。

客户部经理：为订单转化率负责，重点关注签单比例。

设计部经理：为合同转化率、前端销售的用户体验和销售场景负责，并管理设计师。

工程部经理：为后端工程口碑负责，负责工程部管理。

供应链岗：为材料及时、准确下单和送达负责。

预决算岗：控制成本，为毛利润负责。

财务部岗：为净利润负责，管控、规范及避免财务风险。

最后强调一下，达成签约的关键是对用户需求的全面了解、解决及引导。也就是**除了掌握销售话术，一定要了解用户的心智模式、决策诱因和行为方式。**

假设一个场景，你去量房，发现还有几家公司的人也在量房，你该怎么办？应停止量房，好好跟用户聊，与用户家里装修相关的情况要一清二楚，完全掌握用户的需求。若仅是重复量房，这个环节你可能不会胜出。

客户经理与设计师的签单效率讨论

对标准化家装来说，从客户上门咨询到达成订单主要是由客户经理完成的，如上文描述的一样，代表企业有爱空间、积木家等；也有设计师全程服务，从订单转化到合同的，如橙家等。

那么哪种方式效率更高呢？

现实情况是，客户经理为了尽快达成订单，可能只说好，不说不足，存在瞎承诺、过猛销售等问题。等客户转给设计师时，订单转合同率低，比如说因为之前没说清楚产品包什么不包什么，导致客户退订。

而如果让设计师从头到尾跟单也会出现前面的问题，还会耗费他更多的时间，无法在核心设计服务上投入更多精力。客户一般是节假日才有时间，而设计师要去家里量房，还要沟通需求，工作日只能晚上去。

一般由客户经理接待节假日邀约第一次上门咨询的客户，负责转订单，若是设计师接待则订单转化率可能会高些。

若上门咨询量多且集中，公司会设置"客户经理＋设计师"的岗位；如果量少，就没必要设该岗。

不管是给客户经理还是给设计师分工作量，都不要超过个人服务的上限，否则会导致萝卜快了不洗泥。再说，能转化的客户因为客户经理或设计师赶时间没转化，导致转化率下降，对公司来说损失很大。

两种签单方式如何选？要根据门店经营情况，并依据转化率和实际的费用成本构成综合考量。

■ 成本结构与费用率

优化成本结构

先明确一点，公司**经营管理的目的是创造利润**。

再看一下这个公式：**毛利润－（固定费用＋变动费用）＝净利润**，这在本书第四章提到过。

毛利润决定了产品的性价比，费用率决定了公司的整体运营效率，净利润代表了公司的经营能力。

由于毛利润是由材料成本和施工成本决定的，相对可控，净利润是要达成的经营结果，当这两头利润确定后，关键是要砍掉中间的费用。

砍费用就得优化成本结构。

低效的传统装修的成本构成：材料成本 30%～35%，施工成本 20%～25%，毛利率 40%～50%，销售费用 15%～20%(营销费用＋人员提成)，门店成本 6%，人员成本 8%，综合运营 7%，其他费用略。

标准化家装的成本构成：材料成本 40%～45%，施工成本 25%，平均毛利率 30%，销售费用 10%～15%(营销费用＋人员提成)，门店成本 1.5%，人员成本 4.5%，综合运营 3%，其他费用略。

在上市公司东易日盛的成本构成中，材料成本占 35%，施工成本占 28%，毛利率为 37%，净利润为 6%，费用率为 31%，包含了销售费用 17%，管理费用 8%，财务费用 3% 等。其中，管理费用包含了人员成本和综合运营的费用，17%的销售费用过高。

砍无效费用，控制费用率

费用由固定费用和变动费用两部分构成。

固定费用是不可控的费用，包括人员费用、房租、展厅装修费、办公费等。

变动费用是随着收入的变化而变化的费用，是可控的，包括营销费用、人员提成、售后赔付、刷卡手续费等。

变动费用以营销费用为主，如果营销费用居高不下，则变动费用必然上升。

东易日盛董事长陈辉总结了**家装行业"4＋1自杀式打法"**：一是到处疯狂做广告，二是到处开过万平方米的大店，三是给员工疯狂做激励，四是疯狂给客户折扣，**"＋1"则是给物业和售楼处高额提成**。这些都会增加营销费用，最终会转嫁给客户。

总之，要对业务有过程地进行管理，管控产品、营销、转化率，注重营收；还要对结果有经营地进行管理，控制成本、费用、转化损耗，获得利润。业务角色和经营角色必须合二为一，实现目标统一。

在市场不确定性增大时，当复制店面不一定能实现盈利增长时，为什么不复制盈利小组（设计师＋客户经理）呢？这样不仅减少了固定费用，还提高了坪效，不同盈利小组还有竞争，你追我赶以提高业绩。

■ 建立线上线下一体化获客

不要总想通过少给合作方费用的方式降低成本，换一种思维方式，通过优化利益相关者的交易结构也可以达成降低成本的目的。获客也是一样，不要一味打广告，一条道走到黑，也要换个思路。

另外，**门店营销、楼盘小区地推、电话营销被称为传统装修获客的三板斧**。不过随着二手房的增加和电话接通率的下降(2017 年 6 月 1 日，《中华人民共和国网络安全法》正式实施，非法获取及出售信息将构成犯罪)，以及移动互联网带来的消费习惯的改变，让这三板斧经常失灵。所以还要与时俱进，尝试新方式，不要抱残守缺。

线上与线下获客要并重

现在获取用户主要有两种方式：一类是传统的方式占主导，包括线下地推、扫楼、发广告等，线上的百度广告、网盟等付费方式及 SEO。第二类通过强化用户体验的口碑(每个环节做好，让用户感觉是值得传播或是可分享的)和社交媒体的方式获取用户，如通过社群、微信、微博、QQ 部落、豆瓣、今日头条、抖音、直播等传播口碑做宣传。

事实上，若我看到有公司在线下的获客率可以占到 70% 以上，会认为这是有问题的，但不是说线下不重要，光有线上的话，会没有线下工地反馈，而用户转化为介绍者往往是源于线下用户的实际感知。

如果线上及线下获客方式都用，控制得好的话，一个门店每月成交三四十单不成问题，而一旦要突破这个单量，企业就得根据自身的实际情况，得有核心的获客方式去获取用户，而不是全覆盖，没重点。比如想要在某小区获客，跟物业合作不行的话，可以借助材料商的资源进入。当然最核心的是让业主帮你传播，只有口碑才是最持久的。

地毯式打广告，真不是这么玩的

经常看到装修公司地毯式打广告，这不仅需要持续投入，而且效果如蜻蜓点水，不明显。

装修用户有个特点，需要装修时才关注你的广告。如果他没有这个需求，基本是没有什么感知的。可以做个小实验，同时投放两个广告，一个是苹果公司产品的广告，一个是装修广告，测试结果就是记住苹果公司产品广告的更多，用户对和他关系密切的广告潜意识里会更关注。

地毯式打广告也会面临三个挑战。

一是需要公司滚动投入，预算增加，考验公司现金流。

二是假如广告有效果，一旦来的订单量太多，用户服务跟不上，就会导致开工延期，用户也会怨声载道。

三是循环方式不一样，家装互联网化一定是通过线上运营和线下获客，同时再通过工地回单、口碑回单、客户转介绍等持续获取用户，而不是单靠广告获客。一旦对广告投放有了依赖，那口碑回单何时才能步入正轨？

强有力的入口类工具获客

有设计网站鼓励用户将其在网站上在线生成的效果图自发传播，有的内容转发量上万，阅读量达几百万，这带来了更多的用户注册。

在吸引用户的入口上，如果在线报价、出效果图、出方案、出预算等能有一个主打入口，并策划好让用户能分享的传播内容，会带来更多的免费流量。

全渠道营销的七大方式

大规模增长依靠全渠道营销

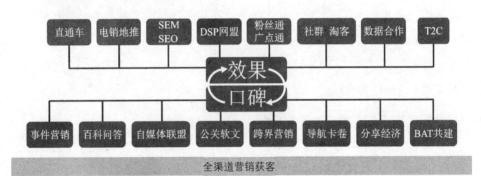

全渠道营销获客

传统装修的客户来源渠道主要有广告投放 (电视、网络、户外、公交车、出租车、地铁、高铁、电台、报纸、移动端广告)、网络营销、小区活动、工地营销、电话营销、第三方平台、媒体活动、口碑营销、电商平台 (京东、天猫、淘宝等)、线下促销会等。

其客户来源前四的渠道是广告投放、小区活动、网络营销、工地营销。

相比于家装互联网化来说,传统装修更依赖于广告拉动和线下活动销售,广告是拉力,活动是推力,相互配合,快速转化。

而家装互联网化虽然主要获客方式依赖于线上和口碑,但外部环境不断变化,单一渠道购买流量的成本和风险也越来越高,要实现大规模增长,必须是全渠道营销,成本动态调控得随着各渠道的成本变动而变动。比如有时碰到节假日,多家装修企业都投放这个渠道时,成本就会上升,线上推广人员就得调整渠道和费用配给了。

比如爱空间,2016 年依靠互联网家装的媒体报道红利、品牌前期势能、城市扩张势能、公关活动、工地回单等签订了 12000 个合同,回款达到 10 亿元 (对外公布数据),而 2017 年之后其获客也面临瓶颈,就得进行全渠道营销。

七大方式看全渠道营销

家装互联网化的获客优势要保持，必须得是全渠道运营获客。

(1) 品牌公关传播：装修公司应保持一定的品牌曝光频率，针对用户进行公关沟通。

(2) 网络整合营销：利用 SEM、SEO、SNS、微信、微博、豆瓣、知乎、今日头条、抖音等立体推广和内容运营。

(3) 重点小区爆破：对装修公司店面周边新开盘小区进行重点营销，结合线下宣传及用户活动举行。

(4) 线下主题活动：围绕重大节日、事件等策划线下主题活动，使产品说明会、看工地等活动推陈出新。

全渠道营销的七大方式

(5) 口碑营销：狠抓交付和产业链利益分配，让用户、公司全员及其家人、工长、材料商、合作伙伴等都能转为介绍者。

(6) 老用户运营：针对老用户进行大数据运营，提高老用户转为介绍者的比例。

(7) 第三方平台店铺：公司应利用天猫、京东、淘宝、拼多多及大众点评等渠道运营获客。

须注意以下两点：

一是线上的优化方向就是提高第一次上门咨询的订单转化率，降低订单成本，没有转化的用户争取在二次上门咨询时再消化；

二是线下方面，公司对物料的投放使用要有效管控，投入产出比需要细化到每个渠道，根据数据再判断各渠道的优化方向。

流量运营的核心是通过大数据对用户重新界定和深度把握，推送想要的信息，针对性提供内容，并引导用户上门咨询和签单。

■ 线下的角逐：获客场景、深扎小区和样板间玩法

移动终端：搭建线下获客场景

1. 帮助开发商卖房，搭建样板间场景

对房地产开发商来说，期望房子发售后，在最短时间内以合适的价格把房子卖掉，而作为主要销售工具之一的样板间，因户型不同、风格又多，故全部展示成本太高，只能挑个别户型做几套样板间进行展示。

这是地产商在销售工具上的一个痛点，如果有家装互联网化公司能解决这个痛点，那么合作就顺理成章了。

比如通过终端触屏及体验设备，将该楼盘所有户型的主要风格全部展示出来。用户可以通过360°实景图或VR体验，加速做出购买决策，既能帮助开发商卖房，又能销售自己的整装产品。当然，公司得派人过去培训和进行现场服务。

这样的展示终端，构家、欧工软装、红星美凯龙设计云等都有研发。可以通过和房地产开发商互惠互利，促成合作。

2. 移动终端体验设备，展销一体的获客场景

某装修企业的"超级驾驶舱"是基于家装消费必须具备线下体验功能而推出的软硬装一体化的移动体验工作室，采用全智能化设计，将产品介绍和样板间VR

效果图植入，具备方便运输、可快速拼装、可不同渠道投放和数字化连接结合等特征。该设备将进驻售楼部、地铁站和社区等，占地约 16 平方米。用户可以通过这个终端设备进行数字化的产品体验，便于企业线下获客。

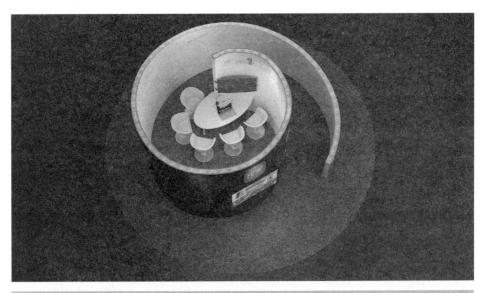

某装修企业"超级驾驶舱"模型

相比"超级驾驶舱"，还有一种移动更快、展示更全，甚至具有样板间局部展示功能的新能源移动车，可以用于新交房小区体验营销以及终端小区团购。这种车虽一次性投入成本高，但可重复利用性强，相比线下的一张桌子和一个易拉宝来说高大上多了，也能提升品牌形象。

这种场景的搭建一定是基于"非零和博弈"，是一种合作下的博弈。博弈中各方的收益或损失的总和不是零值，它区别于"零和博弈"。在这种状况下，企业的所得并不与他人损失的大小相等，博弈双方存在"双赢"的可能，进而达成合作。

深扎小区：利益分配与前后端结合

1.用社会化营销思路在小区推广

一般来说，装修公司在小区的推广方式有两种：一是和物业合作，且有利益分配；二是和材料商合作，让材料商在小区打广告时带上自己，装修时则给用户推荐材料。

这里要讲的社会化传播可不是仅仅使用微博和微信，而是整合更多的社会资源，运用社会化营销的思路打造共同的"利益同盟"，集结优势资源，一起在社区推广，彼此分享果实。

2. 注意前端与后端的结合及转化率

行业内有一类公司是通过培训和会销模式帮助家装公司签单，教给你方法，同时管控过程，达成目标。

他们常用的手段就是通过电销、小区扫楼及线上活动获取关注量，**这里最核心的一点就是将前端的量千方百计转化成订单，要不然就会浪费量。**

某家装互联网化公司针对北京万科城，在业主群里发起活动，通过业主群进行利益分配，拿下了一些订单。

其实很多装修公司通过小区的某位关键人物打造一个意见领袖，以利益合作机制拿下小区其他业主。

有住网曾做了一个试点测试，一位王女士在青岛中海国际社区的业主QQ群里，通过体验中心，一个月销售了56单，成交销售额达370万元，提成10万元，占合同额的2.7%。按照"超级合伙人"策略，这位王女士一个月可以拿到佣金返现，并且获得创业期权。这样一来，有住网只需要做好体验服务工作，把省下来的销售费用放到做体验中心上来。

隔空打牛：线下样板间的玩法

样板间是商品房的一个包装，也是购房者想要的装修效果的参照实例。相比于公关物业和售楼部来说，此方法更为直接。传统装修公司就是在新交房小区切入样板间建设，若执行到位了，是有宣传效果的。这一方法也被家装互联网化公司熟用，不过玩法有创新。

1. 传统样板间的三大弊病

一是不注重生活场景。传统样板间为了凸显客厅空间开阔，在空间配置上倾向于设计开放性厨房，但烹饪时会产生大量油烟，让客厅等其他空间徒添清洁负担。开放性厨房在国内已被认为是装修最后悔的设计细节之一。

二是不以用户实际需求为主导，而以销售刺激为目的。传统样板间在装修成本上从大到小投入的顺序是天花板—墙面—地砖—家具，因为这些更能刺激用户的感官。而从用户的实际需求来看，投入成本的顺序应该是家具—地砖—墙面—天花板，逻辑就是离用户的生活越近，投入越高。

三是传统样板间的软装无法做到所见即所得，存在的目的是凸显空间感。而家装互联网化公司的软装从实用性去设置搭配，与硬装风格一体化，通过供应链保证所见即所得的效果。

2. 市场推广的一种手段

样板间也是市场推广的一种方式，本身也承担促销的作用。如果是硬装加软装的样板间方案，那么用户会考虑三点。

(1) 家具及软装折扣力度大不大。

(2) 能否提高用户对设计师的期望，如是不是设计师专属整体设计。

(3) 用户觉得按样板间的标准来装，施工质量肯定不太差。

所以以样板间的方式进行推广，一定程度上会提高品牌进入新市场后的竞争力，但销售方式很重要。

3. 限量与不限量对比

若每个区域招募太多样板间，就会让活动变味，用户会失去优越感，这就好比做成人人都有的大锅饭，就没意义了。

当然也可以这么理解，征集样板间在市场成熟城市的主要作用是走到消费者中间，提升用户体验和订单转化，样板间的优惠是对消费者的福利，可以不限量，但要选择合适的用户。其实招募本身就会吸引到一部分用户，招募投票也能起到宣传作用，样板间自身也是一种宣传方式。

总体来看，样板间有两方面的价值：一是提供传播素材和营销场景；二是加大营收规模。从这两方面的需求来看，都是样板间数量越多越好。

4. 样板间这么玩

若要重构家装产业链，就得把握整装的发展趋势。

从用户角度来讲，就得解决两个问题：一是吸引用户尝试消费的问题，就是打折优惠；二是解决用户消费的心理感受问题，也就是稀缺性，让用户感觉这不是随便就能获得，是有筛选的，内心产生优越感。

将内容传播、场景营销和增加营收三者结合起来，就是样板间征集更符合吸引用户参加及希望加入的原因，具体来说有三点表现。

(1) 公司可先包装对外传播的概念，要区别于其他样板间的宣传，如与行业或幸福家庭相关的组织发起的"让年轻人没有上火的装修"。

(2) 设置一定的征集条件再对外传播，可以考虑加入一定的公益元素，如拿出一定比例的资金做幸福基金，用于后期的个性化升级。

(3) 每月限定一定的样板间户数，如主要风格限 10 户，加上其他风格后，总量可能超过 50 户。

■ 线下活动的关键点

线下活动分类

家装互联网化公司的上门活动叫法五花八门，基本可以分为五类。

(1) 产品说明：主要是介绍产品、服务、工艺、材料等。

(2) 活动发布会：先拟定一个主题，可以是企业的常规活动，也可以是节气类的策划活动。

①企业活动：进驻该市、发布吉祥物、新品上市、战略合作、周年庆等活动。

②策划活动：根据节假日 (妇女节、劳动节、父亲节、中秋节、国庆节、感恩节等)，或全国性、区域性的关联重大事件捆绑策划活动。

③促销活动：这类活动主题很直接，不隐讳，就是为了销售和拉单，如年初装修黄金季、年中淡季冲销量、年底感恩大回馈等活动。

(3) 参观样板间：样板间有可能在展厅，抑或在用户家里，基本是硬装加软装配饰，让用户看到效果，促进成交。

(4) 看工地：组织用户参观正在施工的工地，主要通过工地形象、工人水平和施工工艺传递专业、透明和高标准、严要求的装修理念，增加用户下单的信心。

(5) 消费者主题活动：主要针对种子用户、口碑用户进行的公关活动，如郊游、看电影、小型体育活动，目的在于与用户沟通，拉近彼此关系。

线下活动要注意的关键点

比如产品说明会，公司既要关注上门量，也要看转化率，要不就浪费了前期的巨大投入和辛苦准备。

既然是产品销售会，核心就是获取订单，也就是定金单、一个成交机会，以后可以继续追单，与用户沟通有了理由。这里尤为要注意细节。

(1) 明确目标。明确签单目标，落实几个关键岗位的责任人，如接待、派单、场控等。还要清晰流程，所有参会的工作人员都要对活动优惠政策一清二楚。

(2) 清楚来单渠道。对不同渠道的上门用户一定要记录清楚，便于后面计算投入产出比、转换率以及业务奖金。

(3) 营造氛围。让现场红火、人气旺，有活动的氛围，别冷冷清清的和平时没啥区别。

(4) 签到礼不能少。哪怕是一条定制的毛巾也是一份重视，还有金蛋、抽奖券、红包墙也可以准备。还可以准备些茶点，如果是现磨咖啡或现场烘焙曲奇那就更温馨了。

(5) 时间不宜过长。集中讲解的时间控制在 40 分钟内。

(6) 不要赶在饭点。上午要 12 点前结束，否则用户着急去吃饭，也没心思听你讲。

(7) 情景式讲解。讲解的内容最好能结合现场的布置，有场景展示及具体情节，不要枯燥地讲。

(8) 包装设计师。即使是整包套餐，用户也希望给自己服务的设计师经验丰富，所以体现设计师高素质的物料要充分展现。

(9) 促单要稳、准、狠。这是活动的重要环节，最好有大屏幕演示介绍文稿，要清楚地告诉业主今天为什么要下单，比如独特的优惠政策、1 个月之后产品下线、2 个月后增收服务费等。

(10) 要熟练使用销售工具。客户经理要熟悉谈单手册，设计师可通过工具 10 分钟内给业主呈现设计效果图等。

每次活动结束，参与的所有岗位人员一定要分类总结，要有文字记录，针对性地解决问题，不断优化迭代以保证效果。

还要强调一个细节，产品讲解结束后，一对一沟通时，要问用户四个问题。

(1) 您听明白没有？ 重点是围绕家装互联网化的理念、优势来谈，不要陷入材料配置、包不包某些具体项目的琐碎问题中，先让用户认可产品理念再沟通。

(2) 您什么时候装？ 询问需求的紧迫性，看用户是否敢于表露自己的需求时间，可以判断用户对于活动是否动心。

(3) 您觉得好看吗？ 了解用户对于装修效果的第一反应是好看还是不好看，从样板间、效果图的设计角度出发引导，好看的话，这些材料搭配不能变，否则影响整体效果。

(4) 您接受不接受？ 用户不接受的话，往往是看了别家装修公司的装修效果了。有了对比，就得在了解竞争对手的情况下，针对性作答。

总之，产品销售会的细节一定要精致到无可挑剔，执行到力所能及，努力到感动自己。做到这些，怎会结果不好？

■ 邀约及签单流程分析

一个家装互联网化公司的签单流程

某家装互联网化公司此前的签单流程如下所示。

(1) 广告吸引。每期产品先通过各种广告宣传及与媒体合作，包括社会化营销，吸引用户在官网报名，参加微信的线下活动，访客落到活动着陆页。

(2) 线下见面。前期以广告吸引用户参加线下活动，如样板间征集、参观活动，家装互联网化与传统装修的对比活动等，活动期间着重介绍本期产品，并说明发布日期，让大家到时预约。

(3) 线上预约。新产品发布后，需要缴纳1000元预约金，以前是300元或1元预约金。

(4) 线上签约。之后客服等跟进，催缴全款，多退少补，以单价乘以合同面积确定款项，签电子版合同，交全款时间一直持续到下期产品发布。

(5) 上门量房。全程跟踪及服务用户的项目经理或劳务人员在3个工作日内上门量房，并与用户沟通需求，提交给设计师。

(6) 出方案。在 3 ～ 5 个工作日，由总部设计师出设计方案，期间设计师也会跟用户沟通设计需求，不过不会当面接触用户。

交钱全是在网上商城完成，如果用户交了预约金后后悔，个性化得不到满足或不接受预算，则退预约金，在 3 ～ 7 个工作日内退到原账户。产生的量房费用由公司承担。

读者可能要问了，为什么不是预约—上门量房—出方案—签合同？虽然这样转化率会高，但也会增加量房成本。

基本是这么签单的

还有家装互联网化公司的签约流程是这样：网上预约了后，首次上门先登记（确认数据来源，如官网、朋友介绍或自然客流），然后设计师带领用户参观样板间，如果接受，那么下 1000 元定金，之后设计师会量房、出方案，再签合同。

一般来说，用户会上门 1 ～ 3 次：第一次参观体验、下订单，第二或第三次签合同、交钱，如果需要发票可能还得上门一次，不过多是由企业将发票送上门或快递邮寄。

为什么不直接从订单到签合同？主要是因为这样更麻烦，牵扯多退少补的问题，也有信任因素。另外读者可能感觉这种签单流程跟传统装修公司的签单流程差不多，但里面的细节差异太大了，还有效率和转化率的差异。

用户邀约如果是这样的

传统装修是千方百计让你上门沟通，而家装互联网化公司如果让用户上门前就能对公司和产品有深入了解，转化率会很高，了解沟通成本被前置了。

用户来参加说明会或者来公司之前，先由家装顾问或者客服电话或微信沟通一段时间，不要着急请他们来公司。**先进行角色转化，变被动为主动，不再找用户，而是等用户主动上门沟通，一旦上门，转化率就很高了。**

在上门之前的沟通一定不要夸大，还要明确说出不做什么，不包什么，理由是什么，要坦诚告诉用户。意思就是，"土豪"的用户不要来，个性化要求多的用户也不用来，能接受这款产品的欢迎来。

另外，可以给用户说正在排队预约见设计师（正常流程是由客户经理接待，并转化为订单，若不在活动日，设计师工作不饱和，可作为上门邀约理由），最好单约过来一对一地谈，让用户有所期待。用户来了之后进行一对一交流服务，满足他的服务需要，设计师要坦诚相待，因为用户已经了解得不少了，所以一般交流完后用户现场就会决定是否下单。这样比集中邀约转化的效果更好些。

这种策略让用户有被选中的喜悦，这只是第一步。用户来了之后，给其提供家一般感觉的高品质接待服务，满足他的虚荣心，让他觉得他没有白等，公司很重视他。然后用家装互联网化的理念重新塑造用户的家装认识，最后再聊产品细节，聆听他的需求，帮他把关。

用户绝不会因为你今天没时间见他就很草率地选一家，那样主观独断的用户哪家公司都服务不好。要给消费者传递一个理念，这款家装互联网化产品对用户也是有筛选的——我们就是一个自信而又靠谱的家装互联网化公司。

■ 签单的线性思维

销售人员谈订单时要重视线性思维，要牢牢地抓住每个环节的目标，才能拿到订单。

第一步，赢得用户信任。怎么才能用几句话就赢得信任呢？最重要的就是要让用户觉得你很真实，他才会相信你说的话。所以，你在介绍产品之前，可以先介绍自己，像名字、专业、工作内容之类的，不用太长，一分钟就可以，然后说点轻松的话题。不用硬背编好的说法，要给人真实自在的感觉。

第二步，巩固心理需求，要让用户意识到，自己确实需要这个装修产品。怎么做？你可以引导他们进行想象，如果签了某个条款，会发生什么变化，或者告诉他们相似的真实的典型案例用户是怎么想的。

第三步，深入讨论价格和价值。用户喜欢比较价格，销售人员要引导他们把注意力转移到产品的价值上来。比如，对于价格更高的标准化产品，可以将材料配置特性、服务内容等分开来说，累加一下就能看出性价比了。您说买得值不值？这种报价方法就是一种价值编码，把价格分解到产品的独特价值上，提醒用户关注跟自己有关系的价值点。

第四步，要促使用户下决心，可以从三个话题下手。

首先，预约的人太多，工地须排期，制造紧张感。如果是装修淡季，用户半信半疑，就要给他看装修排期表（销售工具），继续制造紧张感。

其次，装修价格马上要上调了，各分公司都围绕此点促销，这会让用户担心失去优惠，有了这种感觉才会着急购买。

最后，现在你有权力多给用户一些赠品或优惠，如赠送软装代金券。"不仅要告诉用户今天签单会得到什么，还要告诉他不签单会失去什么。"

以上这些信息必须都是真实的，不能欺骗，而且这三个话题一次只能用一个，不要同时用。

第五步，逼单环节要快速落实到书面上。一般是先下订金，再开收据，对于意向特别强的用户，会要求其下"大订"，如下1万元的订金，这基本上就直接转到签合同了。

需要注意，在制定上门政策或销售政策时，不要让已经签单或签合同的用户感觉受到了损失，一旦产生"厌恶损失"心理，他们会传播负面口碑。

相反，堕落的销售人员是这么沦陷的：第一步，挑客；第二步，怀疑产品；第三步，否定自己的努力；第四步，开始相信运气；第五步，不再努力；第六步，抱怨，羡慕对手；第七步，把一切失败归根于运气不好；第八步，丧失学习积极性；第九步，开始消极；第十步，从销售消极转变成工作消极；最后，自我放弃或是被抛弃。希望永远不要跨出第一步！

■ 运营型的智慧门店生态

门店的主要价值

(1) 体验，门店是用户就近体验产品、感知服务、验证公司信任状的场所。

(2) 转化，门店是销售转化的工具和场景。

(3) 反馈，对产品研发、标准制定、信息化建设等提出一线的反馈意见。

(4) 育人，为前端复制和扩张培养人。

而**门店在销售端的核心价值，或者说本质就是"流量的运营"，将线上和线下的上门量最大限度转化成订单和合同，避免流量的浪费，降低签单成本。**

门店的分类

家装互联网化的门店主要分为四类。

一是社区体验店。这种店面一般不到 100 平方米，主要工作是展示部分材料和发放单页，成为线下获客的毛细血管。

二是短平快的销售门店。这种门店包括样板间及办公区域，面积为 150 ～ 250 平方米，辐射 5 千米半径，主要位于核心区域的写字楼上，相对底商和动则上千平方米的展厅来说，租金便宜。前后端累计人员数为 30 人，平均月销售额 300 万元以上，平均毛利率约为 30%。

在沃尔玛出现之前，零售业的主流是开在市中心的百货商店，店面租金很贵。沃尔玛的创始人山姆·沃尔顿就想，能不能把商店搬到租金便宜的郊区，这样就能节约很多成本。二战之后，汽车在美国普及了，沃尔顿创立了沃尔玛，里面的东西价格很便宜，周末人们开车去超市，一次性把生活用品买够，一个礼拜都不用去商店了。后来山姆·沃尔顿开始扩张连锁店，导致传统的百货店倒下一片。

三是小而美的体验店。这种体验店没有样板间，店面面积为 150 ～ 300 平方米，有触屏电视播放各种产品视频，可人机互动在线了解产品，还有 VR 体验以及部分材料的精致展示等，设置有休闲区。如某家装互联网化 4S 店，配置 12 ～ 15 人，客单价 20 万～ 40 万元，平均毛利率为 30%，除去人工租金加盟费和总部 5% 提成等，年营收达 1500 万～ 2000 万元才会盈亏平衡。

四是城市中心店。这种门店包括样板间及办公区域，面积为 500 平方米以上，有的甚至会到 2000 平方米，辐射全城，如爱空间。

不管面积大小与否，按年坪效来算，折算到每平方米年产值至少要大于 10 万元。在实际经营中，会有投入期（启动期）、成长期，之后才能达到成熟期。

影响店面收入的因素分析

(1) 上门量：包括线上和线下的上门量，量的供给由市场部或运营部负责。

(2) 订单转化率：在上门量一定的情况下，从上门到订单的转化率越高，签单的成本愈低。

(3) 人员梯队建设：客户经理（家装顾问）和设计师的销售梯队要完善，人员梯队化要稳定、成熟，不因人员变动影响销售目标的达成。

同时要警惕冗员，冗员的产生让组织越来越庞大，从而导致组织效率低下。导致冗员的核心原因是组织负责人的管理能力缺陷和管理意识薄弱。利益共享、自主经营是提高效率、减少冗员的良策。

(4) 优化销售工具：如对信息化工具的应用，让谈单手册智能化、可视化，而不是冰冷的册子。看工地、产品说明会等销售手段也要常用常新，围绕不同主题策划，哪怕旧瓶装新酒也要耳目一新。

(5) 目标分解及增量激励政策。一般来说，对月度目标也要进行分解，分成半月度目标，再分成周目标，目标到人，每周都要有小高潮，鼓舞士气，根据实际情况调整目标和增量激励政策。

这里强调的是增量激励，出发点是满足公司业务的快速增长要求，本质是培养和发掘经营人才，绩效应用原则就是"能者上，平者让，庸者下"。

另外门店在经营层面还要控制行政费用，如晚上无用户上门时关闭无人区域的电源，并控制好空调的使用，还有上门礼品使用的控制。

发挥区域门店生态的势能优势

在一个人口 800 万的二线城市，短平快的销售门店可以布局 5～8 个，一个门店每月产值为 300 万元，一年合计 1.8 亿元以上，对于线下广告精准投放、品牌活动运营、供应链采购、物流配送安装等都能形成合力势能。

深耕珠三角的靓家居，在珠三角有 100 余家门店，由于量大，且市场相对集中，在供应链采购和物流配送方面有极大优势。也使得有限材料库更为丰富，有七八种硬装套餐及不同升级包，最大化满足用户个性化需求，将目标人群吃得很透。线上、门店、小区三大场景，精装房个性化定制，硬装软装和智能家居三大产品系统，形成了彼此依存度较好的门店生态。

当然这种生态是靓家居在珠三角深耕了20余年才形成的，也不容易复制，故一直没能从珠三角走出去。

运营化＋智慧化＋生态化门店更具竞争力

基于家装行业高客单、重体验的特点，线下门店对装修企业来说几乎不可或缺，但展示效果和运营成本之间的矛盾总是难以调和。

门店面积小了，只能展示部分硬装材料，没办法进行软装的整体效果展示；面积大了，店租费用、人力成本、管理费用等会大幅上涨，利润很容易受到外部竞争和单量波动等因素影响。

为了减少装修企业的门店投入成本，同时获得更好的软装展示效果和客户体验，智慧门店应运而生。

如消费者在某智慧家居馆中体验实景样板间时，可以在虚拟样板间自由切换不同的搭配风格，还可以上传自己待装修的户型到系统。在虚拟场景中，根据自己的喜好挑选主材、软装、配饰，完成定制化搭配，并通过虚拟样板间360°全方位呈现功能获得即时体验。当所有软硬装产品搭配好后，消费者可以通过云货架一键购买搭配好的商品，享受便捷的一站式购物体验。

再比如欧工软装围绕共享理念推出"店＋"模式，通过一家城市中心店赋能多家分店，中小装修企业甚至无须增加门店面积，通过中心店的VR等设施就能解决传统门店因面积限制导致展示不足的问题。智能共享展厅拥有人脸识别、色彩分析、VR体验、实景游走、机器人导购、智能魔镜、千人千面推荐等高科技应用，其中智能魔镜链接了线上平台，方便到店的用户查看全国各地的真实楼盘方案以及未在共享店展示的更多家居品牌。

如今的门店若要有竞争力，应该具备线下获客、销售转化和工地交付等强有力的运营能力；要有智慧场景，有较好的智能体验；在区域里还得具备一定的门店密度，社区店、体验店和销售门店等互为依托，相互支持。

■ 家装社群营销的红利

家装用户社群的三个修炼

在国内搞社群营销最成功的两个企业小米和罗辑思维，一个卖手机，一个卖思想。他们为什么成功呢？很值得家装社群运营者学习。

一是满足参与感。企业先要重视用户体验，尊重消费者，把装修用户当成朋友是必须的。

二是用人格化武装一切。推动企业人格化，人格化创始人、人格化装修、人格化社群、人格化传播，让"自由人的自由结合"成为可能，也可让装修鲜活而有趣。你会发现，有装修企业搞"亲子辣妈群"的思路是对的。

三是同时出售产品和价值观。用户的装修需求背后是一个和谐、幸福、美满的家庭，而不是冰冷冷的砂浆、水泥、乳胶漆。如果能在满足用户的装修需求外，还能解决用户的一个情结，那会触及更深层次的品牌认同。

之前，很多家装社群主要是已经服务过的业主群，用来征集用户意见，成为反馈问题的渠道，便于产品的迭代。但这个过程很煎熬，你必须忍受用户的抱怨，以及坏口碑影响的蔓延，这就需要鞭策团队快速响应和及时处理问题。

还有的家装社群不跟用户谈装修，而是谈知识和见识，尝试用跨界的思维玩社群营销。比如爱空间2016年的"大咖秀"，计划一年搞11场，每月一场，第一场在2016年2月25日，由罗振宇分享"《必然》（下）"，第二场是黎万强的分享，第三场是凯叔讲故事，那天我正好在爱空间调研，下午另外一场活动结束太晚，晚上没能赶过去。虽然"大咖秀"只做了几期，但还是有借鉴意义的。

通过这种方式可以吸引建立用户群并形成黏性，每期预告活动时，让用户在公众号里回复所在城市名称，然后推送该城市社群的二维码，用户加进来后就可以产生持续影响。

当然入群福利也很直接：①所有课程免费；②惊喜抽奖幸运拿；③有机会参加大咖线下交流会；④邻里畅聊，举行聚会活动。

无形中，企业也在定义自己的用户群体，而且80后、90后的有房一族对这些人还是挺感兴趣的。另外用户群也是一个纳新方式，很多用户不一定马上装修，但可能帮企业传播。

还有，高端的家装用户更容易形成一个社交圈子，也就容易基于共同的兴趣和爱好形成一个社群，服务好了这部分人，口碑的作用和价值会放大，影响的受众更多。'

家装行业社群要输出价值

家装行业社群主要是业内人群的交流和聚集地，相对黏性要低，一开始群友还比较活跃，但慢慢地也成了广告集散地。如果没有很好的管理和价值输出，也会失去存在的必要。

家居电商周刊学习群（现为知者学习群）是笔者在 2015 年年初建立的，后来做了 30 期家装电商线上沙龙，访问了众多行业创始人。每期安排一位主持人，邀请一位嘉宾在每周三 (一开始是周五) 晚上回答群友提问。当时《家居电商周刊》线上沙龙已成为家装 O2O 领域最知名、影响力最大的在线沙龙。

之后又在北京、上海、杭州、新乡、深圳、西安、青岛、广州、厦门、郑州、合肥、成都、石家庄、苏州、武汉、济南等地做了 30 场线下沙龙或《"颠覆"传统装修：互联网家装的实践论》读书会。

那时也是行业活动和行业社群的红利期，但凡家居领域的大小会，酷家乐都要赞助，会上演示产品，会下对一群商务人员持续跟进；其员工并疯狂加行业微信群，进群发红包，再加群里的人，然后套近乎，让你拉他们进其他群。现在行业里大的群，几乎都有酷家乐的人。那时群组的活跃度高，效果很明显，酷家乐如此将行业社群扫了一遍。

家装互联网化如何改造产业链

第9章 设计师的价值和尊严

不同类型的设计师
设计价值和复制成本
销售分层及绩效设计
这些设计师要不得

■ 不同类型的设计师

室内设计师与软装设计师

一些室内设计师也兼做软装设计，但硬装材料品类浩大，软装产品品类更是烦琐，有限的设计费与紧张的工期无法也无暇让室内设计师在软装陈设上提供精细化服务，这就是为什么不少业主会感觉到，设计效果图很美，最终结果却大相径庭。

软装设计师为用户进行家具、配饰、色彩等统一协调搭配，甚至引导了一种生活方式。比如细到刀叉、餐巾，大到家具、灯饰、挂画、地毯，居家生活中需要的方方面面都可以帮助搭配。当然搭配背后体现的是专业性，同样一堆装饰品，因为不同的组合会呈现不同的效果，若非专业的陈设师，一般没人去把控这个度以及色彩关系。

家装互联网化公司也开始与软装设计公司合作，既完善了自身家装的服务链条，又为业主提供高品质的专业软装服务，提升整个产品的竞争力。

可复制性差的全屋定制设计师

全屋定制可复制性之所以差还是在于设计师，全屋类产品对于设计师的要求较高，除了对全品类产品的知识要熟悉外，还要对整体风格、装修施工节点、全品类产品施工管理都有涉及。

而目前行业中这类设计师是非常稀缺的，市场中现有比较多的是单品类设计师，在全屋类定制中，需对橱柜、木门、墙板、楼梯、地板等产品都要熟悉，才能完成全屋类的产品设计，另外要对整体装修风格设计及装修施工节点有所了解，才能做出合理的设计方案。这也是原来做单品类产品经销商在转型过程中最大的障碍，同时影响到品牌商家的复制性扩张。

解决这一问题有两个思路。

一是通过从装修公司招聘室内设计师来做全屋的设计，这类设计师对前端的需求比较了解，再通过在后端建立集中的方案设计团队来解决设计的痛点。

二是全屋类厂商通过应用模块化、标准化的开发思路尽量让产品的部件固化，并给经销商端的销售与设计师输出方便设计和销售的工具手册。

没有痛点的高端设计师

在涉及别墅的装修公司里，高级设计师资源是稀缺的，流动性强、可控性差，公司经常被搞得很被动。且设计师之间又相互排斥，能力出众的设计师基本都开个工作室自谋出路，活得潇潇洒洒，你怎么留得住他呢？所以公司一般是给股份，或使其成为合伙人，享有分红。

北京一家公司推出了别墅高端设计师的"车库模式"，设计师工作室免费入住，并提供招聘、软装展厅等配套服务，但装修时得用公司提供的家具及软装产品。而高端用户就看哪家公司有厉害的别墅设计师，这是最核心的资源。

其实，高端设计师是不缺用户的，但由于专业所限，及自身不擅长或不喜欢做设计之外的工作，让提供场地、招聘、施工、材料等相应配套服务的公司有了市场。

硬装为什么难以收取设计费?

设计费的收取标准各地装饰协会有规定，但不适应目前的市场价。在商业社会，设计费可以根据设计师的能力和影响力自行决定，只要业主接受。目前的家装行业主要还是以比稿为主，家装设计的原创性不强，很难申请著作权。

首先，所谓的硬装设计师，很多水平太次，无法满足用户的需求。这种不专业性，导致用户难以埋单。

其次，用户的层次使然，本身就不具备为设计付费的能力和意愿。比如很多豪宅业主会为软装设计单独付费，因为他们意识到，只需花费仅占整体软装费用3%～5%的设计费，就可以让专业人士把家居环境装扮出杂志上的效果，何乐而不为？

最后，这是营销路数的必然，装修公司打着免费设计的旗号，将免费设计看成是签单的催化剂。

用户如何选择设计师？目前的形势是用户根据价格选择，装修公司对于设计师分类归档，对于用户来说，选择只能依据价格，其余均是不透明的。笔者认为可以引入网络的评价模式，对设计师进行分类评价。

小结一下：**依靠绘图员完成的"免费设计"无法满足消费升级的品质需求；原创设计师收费高，又不擅长营销和管理；工作室模式无法做到区域量化，且没有供应链整合能力。**

■ 设计价值和复制成本

家装从本质来讲，就是"用户买一大堆东西，然后用一个合理的顺序安装到家里的过程"。家装设计师就是告诉用户，根据你的需求，我认为你应该买什么东西，然后怎么搭配和摆放。

当然设计是创造，而不是简单的粉饰堆砌。不同层级的用户需求不同，不同的用户需要解决的问题不同。设计师能不能用设计的手段去解决用户的问题，甚至给出更高的期望值，从而满足用户的需求，才能让用户感受到设计的价值。

设计师要创造哪些价值

设计，实际是指有计划地把一件事情做好。

设计师要具备专业的设计水准，如提供完整的施工图纸，其作用巨大：①工程量明确，施工井然有序，避免中途返工；②预算准确，施工队针对施工图报价更准确，避免增项；③沟通更有效，施工图白纸黑字，不易误解。当然，必须是专业和详细的施工图才能帮你实现。

设计师要提升转化效率，为用户服务体验负责，并要提高沟通效率。

从效率来看，签单的时间周期要短，销售成本更低是目标。标准化的产品客户经理或一个普通的销售人员能达成签单是最好的，然后设计师再卖家具及软装产品，通过卖设计方案达成销售目的。

家装的本质是服务，而服务的灵魂在于设计。红星美凯龙旗下的家倍得以"给用户一个完整的家"为使命，以"杜绝回扣、回归设计"的理念，通过高于行业的标准奖励设计师，让其回归设计本位，凭借设计服务获取合理报酬。

在设计阶段，很多装修企业因受展厅面积、客群定位及供应链能力所限，可供设计师挑选的品牌较少；而坐拥红星美凯龙商场供应链的家倍得直接将展厅从1000平方米升级到100000平方米，设计师也不再局限于少有的几个合作品牌，而是从卖场中覆盖全品类的上千品牌中去选择、搭配，其设计水平的发挥不再受到品类的限制，也不局限于硬装，而是从日常居家角度整体考虑，能更好地满足客户的个性化需求。

通过这种全案整装设计，家倍得改变了传统装修公司只做硬装、无力兼顾软装的服务模式，依托红星美凯龙商场，从设计到施工、主材到家具、软装到智能，为客户提供一站式的定制装修服务。

让设计师最大化发挥专业优势，并为提高设计型产品的转化率而努力，更重要的是服务客户，而不是以销售为导向。

设计成本愈高，复制成本愈低

现在家装互联网化公司不是免费设计吗？怎么还有成本？这是家装设计缺乏标准和准入机制造成的，加上绝大部分装修公司的设计师都是"销售人员"，难以给用户创造高附加值的设计价值，当然大部分用户也欣赏不了。

互联网装修会加速设计师的两极分化，一类是明星设计师，花费很长时间设计一套高水平的设计方案，可以给几千上万人用；另一类是销售和客服型设计师，针对用户一定范围内的个性化需求，微调明星设计师的设计方案即可，然后销售出去。用酷家乐创始人黄晓煌的话说就是"一类是在舞台上唱歌，一类是在唱KTV。"

比如某标准化家装公司找到顶级设计师团队规划风格图，设计费是每平方米1000元，100平方米就是10万元，如果有1万人使用该设计图，那么每人设计成本只有10元。一般来讲，设计成本越高，可复制性越强，随着复制人数的增加，复制成本也就越低。

■ 销售分层及绩效设计

标准化产品与设计型产品分层销售

如果将基础硬装看成是前端产品，那么家具、软装和智能家居就是后端产品。

家装互联网化产品的基础是一个标准化的基础硬装产品，事实上就是一口价卖装修方案，如果一个销售人员就可以卖出去，会简化产品销售的可复制性。大家也知道，要招聘一个懂设计，又懂销售，还要认可产品理念的人不容易，而招聘一个好的销售就相对容易。

家具软装虽然也是个相对模块化、标准化的产品，但毕竟满足的是用户对设计的需求，所以专业的人做专业的事，让用户感觉到是真正的设计师在为他们服务。

这就出现了客户经理与设计师的职能差异，各自完成了不同的任务目标。**客户经理谈商务，让设计师谈专业。**

客户经理：销售岗，主要卖基础产品，只谈单不谈设计，为订单转化率负责，并与市场部一道抓用户上门转化率，通过多种渠道和更多的用户见面，建立联系。

设计师：技术能力强的服务岗，为家具软装的转化率负责，结合产品给用户规划出美好的生活场景，这就需要一定的设计功底和沟通能力。他们需要给业主进行风格的选择，地板颜色的选择等设计工作，同时了解业主的深层次装修需求，推荐能满足其需求的升级产品给业主。设计师不用去量房，主要在公司专心画图，最多就是去业主家交底，平时尽量不出去。这类员工喜欢设计师的岗位，对设计还有初心，不会投机倒把，没有沾上行业太多的坏毛病。

其实，销售不再依赖设计师，这样就能降低成本，提升销售效率。而单纯卖方案可以实现这点。

越高端的装修，越需要效果图，用户可以直观判断对装修完的家的效果是否满意，这也是用户搜索效果图进行参考的原因。单个设计成本很高，让用户在已有方案中选自己喜欢的设计风格，售卖就很简单。而设计师就是把设计落地的人，用户会尊敬设计师。

设计师的签单量和绩效

设计师服务用户时，由于产品标准化、工期短，整个施工过程中可能跟用户不接触。如果用户个性化需求不多，在有的家装互联网化公司里，当内部交底没啥问题时，设计师可能也就不去现场。

在标准化家装公司，每个设计师一个月做 10 ~ 12 单，套餐之外的个性化方案占合同数量比例是 20% ~ 30%，**为了防止设计师为提高单量肆意推销，而从绩效层面控制，不考核合同金额，而是考核转化率、服务质量和完成数量。**

也有公司考核设计方案的最终呈现结果。如天猫美家高品质家居设计专家铭筑舍计以实景为目标，考核设计师是以设计方案落实为实景的相似度为标准，只有效果图方案 90% 实现为实景时，才能拿到全部设计费。

铭筑舍计专注高品质定制化家装，严选 2000 位原创设计师通过天猫担保交易服务全国，不满意可退可换。总部成立 8 大"中央厨房式"的设计工厂，统一输出设计，确保出品优质可控，所有项目设计师全程跟踪管控施工节点并对最终成果负责。每个城市采用设计师甄选的御用工长，为原创方案落地实施。把效果图变为实景图是考核设计师级别的核心标准，项目的实景化和品质决定着设计师的层级和收入。

■ 这些设计师要不得

责任心不强，有流程不执行

若设计师本职工作没有做到尽职尽责，可能也只能自扫门前雪了，但若因为衔接工作太多，而没有尽到追溯的义务，就会导致整个装修过程出现失误。

比如，设计师与业主沟通了主材变更，但不做变更单，没有通知工程部和监理，导致用户退货，工地延期。而且商品不是套餐中的型号，是在其他店面选的，也没告诉供应链的员工，项目预算和决算做不了，财务便没法结款。还有供应商已经送货两次，都没人接收，便出现黄单费问题。设计师一个不认真，后期则需要大量人力去解决问题，增加额外成本不说，还会使用户体验变差。

专业水平欠缺，眼高手低

在工地延期问题上，一个重要原因就是设计图不规范、不标准，导致材料数量、水电点位和定制品安装出问题，且引发后续部门对接的一连串问题。

如排砖图不准确，本来 300 mm×300 mm 的砖因为沟通问题弄成 300 mm×450 mm，若仍按此前的数量采购，那肯定就会有剩余，若牵扯花色等因素，拉回来不一定能用，还会产生运费和人工成本。设计师应将这项数据在图纸中清晰体现，并能依靠设计工具解决问题。

说得再大一些，一些设计师就是"眼高手低"，设计图还没做好，就想着做豪宅。有些用户常年出国、出差，经常入住五星级酒店，他看到的、使用的都是比一些设计师上网查资料、买一些图集看到的东西更高档，虽然他不会设计，不会画图，但他的眼界、欣赏水平都远超设计师，那设计师的设计有价值吗？

有个设计师曾说过："没住过十家五星级酒店，不要谈酒店设计。没有生活阅历的设计师又怎么去理解用户的生活理念呢？"

还有设计师本身水平就不行，还要显得自己很有能耐，反而弄巧成拙。比如宁愿给用户塞一堆莫名其妙的东西，也不乐意简单的四白到顶。你在电视墙上画了 5 个插座，他还会删掉 2 个，被告知："没必要那么多，他们不够可以用插线板。"

一位设计师吐槽，德国人在 1919 年开始号召"功能至上"，号召"设计是要解决问题的"。而这些设计师"设计"了半天，什么问题都没有解决，比 1919 年还不如，观念落后了整整一个世纪。

没有真正了解用户需求

有数据显示，在设计师队伍里，真正有设计师能力，并了解用户需求和施工情况的也就十分之一。

如在南方市场，若装修的时候要装地暖，你知道哪些区域应该铺，哪些区域不应该铺吗？很多设计师都不知道。怎么将需求模块化，这对行业是很大的挑战。这么简单的需求，大部分设计师都没办法解决。

再比如柜子下面是不能铺地暖的，热量到了柜子下面，不容易传递到外面，柜子一年以后就会因为过热而开裂；还有在储藏间里，不能全部铺地暖，要留一个凉区，用于放置水果和蔬菜；针对老年人，要在卫生间安装一个助力器，方便老人站起来。设计师怎么考虑这样的功能需求呢？**就是要围绕用户需求重新进行规划，让设计师回归到装修行业的本质。**

设计师的目的是在满足用户需求的基础上，提出比用户预想的稍高一筹的方案，需要理解消化用户提出需求的重点和看出需求背后的真正用意，站在用户的立场去考虑他提出需求的原因，结合自己的专业知识来引导用户。最终目的还是要让用户喜欢。

太过于迎合用户需求

太过于迎合用户需求听起来跟上条有突出，其实不然，当很多用户都有个性化需求时，这就成了共性问题，是可以用标准化手段解决的。

家装互联网化公司在 2015 年遇到一个现实问题，便是用户的个性化需求太多，如果满足，成本太高，如果不满足，不能签单。设计师为了完成绩效任务，也会为了满足用户个性化需求多次修改设计方案，甚至个性化超过了方案的 20%，都有了个性化定制的影子，快成孙悟空的"七十二变"了。

这不仅会降低设计师的效率，也会给供应链和施工带来巨大麻烦，就这一个用户要用这款产品，采购还是不采购？工人施工本来也是标准化的，非得加些个性化，导致工费增加等，最后算下来不挣钱，甚至都可能赔钱。

再换个角度看，就是该用户是不是你的目标用户的问题，如果用户极度追求个性，那么他或许是一个很有钱的人；如果用户根本不相信设计师，那么做他的生意还有何用；如果用户没钱又要耍个性，那么他很有可能会被欺骗。

遇到这些问题，怎么解决

除了加强对设计师的培训外，就是利用工具分担工作任务，还要严加考核，如果是设计师多算砖或少算砖，则由设计师、分公司负责人承担，这样也有了监督机制。

为了解决非标定制导致的工期延误问题，要配备橱柜、木门等非标产品设计师，进行实际测量，然后和工厂对接出图，分公司配备安装工，以安装橱柜、吊顶、卫浴等，解决用户体验差和工期延误等问题。

还有设计方案要前置，用户是"越来越期待设计图，期待成果"，家装互联网化是相对标准化的装修，效果要快速呈现给用户，看用户是否能接受效果图上的设计风格，帮助促单。

第10章　交付稳定性须共建行业基础设施

百安居和小米对家装行业的启示

谁在影响施工质量

施工的问题怎么解决

如何提升交付效率和稳定性

装修工人职业化的方向是信息化产业工人

共享经济下"互联网平台＋海量产业工人"

产业工人是这么炼成的

■ 百安居和小米对家装行业的启示

百安居的启示：标准化和体系输出

在我走访的家装互联网化企业里，工程部里几乎都有百安居出身的人，他们对百安居的施工和标准化比较赞赏。俨然，百安居成了家装互联网化施工管理人才的"黄埔军校"。

简单介绍一下，百安居 (B&Q) 隶属于英国翠丰集团 (Kingfisher Group)。该集团是世界领先的大型国际装饰建材零售集团，在全球家装零售业排名第三，为欧洲最大的非食品专业零售投资集团。1999 年 6 月 18 日，百安居第一家大陆连锁店上海沪太店开业。

为什么百安居施工可以做好呢？首先，其在全国施工标准是统一的，这种统一是建立在强大的系统化培训基础上的；其次，施工与采购分离，让用户感觉价格很透明，陈列所见即所得，利于下单；最后，其他各项标准也都是统一的，施工量大，就容易跑通各项流程，持续优化并积累了更多实操性强的标准流程和工具。北方的大店模式就是借鉴了百安居，但精髓没学到，也缺乏品牌号召力。

百安居对家装互联网化施工管控最大的启示就是标准化和体系化输出，这点在落地执行上非常重要。

不过百安居受整体战略和经营的拖累，在我国一度亏损。2014年12月22日，因百安居无法继续承受8年连续亏损且后续扭亏无望的颓势，英国翠丰集团决定以14亿元的价格出售百安居70%的股份给中国物美。

小米的启示：找到行业发展的基础设施

小米过去几年盈利为何呈几何式增长？不是因为参与感，也不是因为"专注极致口碑快"，而是得益于雷军所说的三个大环境。

小米享受了过去15年互联网基础设施建立起来的红利，高度依赖电子商务、社交媒体以及中国成为全球制造中心的制造红利。今天市场的产业分工使得小米只负责研发、营销、服务环节，不负责制造。如今还依赖用户对产品有更高品质要求的消费红利。

这些基础建设和成熟的市场消费环境是小米快速发展的保障。而**施工标准化，甚至非标定制化标准、产业化工人可以看成是家装互联网化行业的基础建设。**

比如土建工程，举个不恰当的例子，估计很少有人会关注一栋楼的施工方式、工艺和材料。因为这个行业相对发达，国家各项标准及资质机构很全，是有可执行的国家标准和审查要求的，消费者不需要参与监督，呈现出来的就是整体产品，最起码消费者是这么认为的。

而家装行业的设计、建材家具和供应链已足够产业化，唯有工人和施工还是"老大难"问题。当然，传统装修公司有施工做得好的，在高客单值、非标准化操作下完成，比如别墅装修，但那不具有普遍性。其实任何好的用户体验都可以在不考虑成本的情况下达成，但那不是市场行为。

施工标准及产业工人配套体系亟待建立

交付产品品质的稳定性必然得依靠施工标准化统一和工人产业化培养，但企业很难搞定，只能借助行政手段和行业自律来推动。为此知者研究院提出以下几点倡议。

(1) 住房和城乡建设部主导及行业协会参与制定可执行及落地的施工标准。

(2) 家装互联网化公司作为行业推动者，团结不内讧，参与制定统一标准并带头试行。

(3) 在执行过程中出现的成本问题，建议政府或行业相关部门进行费用补贴。

(4) 鼓励大型家装企业带头试行。

(5) 制定政策鼓励培训机构培训产业工人，让其持证上岗。

如果住房和城乡建设部不主导，行业协会也不管怎么办？我们只有寄希望于所有同行，通力合作，将诉求通过非常之方法解决，要不行业效率的提升始终会遇到瓶颈。

■ 谁在影响施工质量

从第三方角度来看，影响施工质量的因素有以下几个方面。

1. 施工人员素质和过程控制

人员素质直接影响施工质量，如果让装修业主在技术水平和责任心里二选一，他们都会选责任心强。虽然工人技艺精湛，但不好好干，业主敢用吗？再好的工人也要有标准去衡量工作，要制定严格的现场管理制度和施工规范，规范工人的作业技术和管理活动的行为。

2. 克扣费用，钱没给够

某装修企业在北京市场给大工长的报价是每平方米 290 元，大工长转包给小工长是每平方米 200 元，还得含水电。在北京这样高人工费的城市，拿这样的工费怎么可能干好活儿。笔者的朋友曾去看过这个公司的几个工地，质量很差，之后这几个工地的售后成本会很高。

3. 材料质量不达标或延期

解决材料质量不达标或延期问题的方法有三：一是材料成本可控，品牌、品质也要考虑；二是不偷换材料，到了工地别被工人偷偷换掉；三是材料下单、配送、安装与工期匹配，尤其是定制品，一旦出问题，就会导致工地延期。

4. 施工工艺没改进

在工程施工中，施工方案、施工工艺和施工操作都会对施工质量产生很大影响。推进采用新技术、新工艺、新方法，提高工艺技术水平，是保证工程质量稳定提高的重要因素。

当然还有外部环境因素，比如冬季工人遭罪，尤其在北方，瑟瑟发抖怎么干活？即使有很多理由说冬季适合装修，但应先给工人把取暖的问题解决掉。另外就是在施工设计方面，能够兼顾施工规范和区域特色的平衡。

从企业经营角度来看，主要影响工程质量的是三个因素。

（1）设计方案不完善或者存在错误。

设计师给了你一张瓷砖数量有误的设计图怎么弄？结果就是瓷砖多送了浪费，或少送了不够，导致延期。

（2）供应商的产品品质和服务质量。

不断优化供应商，最大化降低供应链对工程的影响。

（3）工程管理是否到位。

预决算员要及时跟踪每个工地，对存在的材料浪费、少收费、少算面积等情况进行处理。

■ 施工的问题怎么解决

道与术的结合

人是善变的，因为人的思想很复杂，现在的想法过一段时间可能就变了，随着自己的认识程度、信息掌握量、时间推移、环境变化及位置等的变化都会有新的想法。对家装行业的改造希望寄托于产业工人的话，这只是完成了一半。

用道和术来解释或许更容易理解。道是道理、规律等形而上的概念，而术是具体实现的手段、方法等。

施工标准化的规范和可视化呈现是道，产业工人是术。怎么理解？**将施工所有流程和步骤规范化、标准化，施工的每一个步骤，工人的每一个动作都在设计图上进行规范。这里说得比较抽象，意思就是传统装修中需要工人动脑子发挥想象的，现在都不需要了，产业工人只需按照规范看图施工就可以了。**当然这对设计图纸和系统化培训的要求很高。

那这不成了一个机器人吗？但没有机器人施工带来的生硬和刻板，而是严格按照操控程序进行精细工作的，介于人和机器人之间的"高智能机器人"。

少海汇创始合伙人杨铁男在参加我们线上沙龙时讲过一个案例。工人不需要多么好的技术，北京有家企业能在工厂铺贴卫生间墙地砖，到现场组装，不需要工人铺贴了，随便找个技校毕业的人培训一下就能做。当然，这种组装施工的全面实现还有很长的路要走。

杜绝在装修过程中偷工减料

首先从源头上控制偷工减料，主材、辅料是家装互联网化公司提供的，避免以传统装修方式分包后，工长为了利润偷工减料。

其次对工长进行严格筛选，人品、施工质量、口碑等都要调查，并长期跟踪。另外由于与工长长期合作，单源稳定，收益有保障，工长犯不着为了那点儿利益砸自己的饭碗，他自己都会重视施工质量的。

最后还要注意验收，比如某标准化家装有80道工序、300项执行标准，每项标准项目经理都会检查、验收，线上跟踪记录，有一部分是有用户参与的，所以说各个方面的控制都能保证施工质量。

"先施工，后付款"倒逼质量提升

"先施工，后付款"往往被认为是营销噱头，为了吸引客户签单打的欺骗性宣传语。如果装修企业真能这么干，则会倒逼施工质量提升，因为是随着工程的进度，客户对一项环节验收满意后，才支付一定比例的款项。钱收得晚，收得少，整个过程客户都占主动权，更有安全感。

专业从事别墅、大宅装饰装修服务的北京大业美家就推行"先施工，后付款"模式。合同签了，客户无须付款，由大业美家先垫钱、材料、人工为客户施工。当水电施工完毕，验收合格后，只需要缴纳40%的工程款；隐蔽工程结束，验收合格后，再缴纳30%的工程款；墙砖铺贴完毕，验收合格后，缴纳25%的工程款；竣工验收合格，缴纳5%的工程款。

为了保证工程质量，每周工程部的工程例会汇报时，大业美家总裁王云都会逐一检查并提出具体要求。集团还安排了专职客服按节点回访所有的施工地，把客户反馈的投诉或意见第一时间发给总裁和分公司总经理，分公司工程部经理必须在 24 小时之内为客户解决问题并回复集团。大业美家在每一个施工工地现场显要位置处都留有集团客户投诉电话，并坚持客户终身维护制，让其无后顾之忧。

这一模式不但保证了客户的装修款不会被挪用，而且倒逼公司必须做好每一个环节以及后续服务，如果其有不诚信的行为，比如使用贴牌的辅材、工程质量不过关、施工工艺不合格、人员服务不满意等，就可能拿不到装修款。

施工满意与否关键看回单

对于家装互联网化企业而言，跑得快不一定死得快，但执行能力弱一定死得快。

我与上海家装资深人士季学武聊天时，提了一个"爱空间的营销优势被拉平后，如何持续获得订单"的问题。他说了一点，我很认同，"关键在于强大的落地能力，这个因素占比 90%"，确实，一切的一切都在于施工满意度。

成都共同管业集团副总、家装总裁朱元杰讲了一个故事：董事长陈模和北京燃气集团签协议时，被问及万一出了问题能不能赔付得起？陈模虽对产品质量有信心，一听这话也一惊，最终还是签了。陈模的信心来自共同管业集团在燃气上已经安装了 900 多万户，共计 6350 多万个接头，无一泄漏；陈模的信心还来自北京燃气集团用了 8 年的严苛考核和测试，最后只有共同管业集团的不锈钢管道，经受了长达 8 年的各种环境考验，证明是最安全的管道系统。

这家公司成立于 2002 年，是国内早期从事不锈钢水煤气管道研发、生产及销售的企业，也是不锈钢水煤气管道行业最大的企业，行业唯一一家新三板上市公司。集团总部位于成都，有 3 个生产基地，总占地面积为 280 余亩，有员工 680 余人，拥有 36 条不锈钢制管线、460 余台／套管件生产专机、5 条钢塑管生产线、3 条铝塑管生产线、5 条支吊架生产线，可生产各种规格型号的不锈钢管道、钢塑管道、铝塑管道及支吊架产品。

此前，共同管业在工程、燃气板块市场占有率已位居全国前列，全国地标性建筑如中央电视台新址、北京奥运村、广州亚运会场馆、广州电视塔、北京大兴机场等均使用的共同不锈钢水管。不仅在给水管道上广泛使用，全国五大燃气集团华润燃气、港华燃气、新奥燃气、中国燃气、中国石油天然气公司均使用共同不锈钢管道作为燃气管道。

在家装领域，一个企业跑得快往往会出问题，供应链和工程管控容易失控。在一个城市，一般传统装修公司都没有像家装互联网化公司一样，一个月做过这么多工地，原有的标准经验参考性不大。而一旦没有工地回单，没有用户转介绍，背后肯定是沟通协调不畅、工地延期、用户投诉不断、无满意度可言等，这样的公司肯定死得快。

企业的产品、品质和口碑是一体的，发展是从源头开始，而不是到处救火。事实上，工程部往往成了救火队员，就是因为很多标准没有前置设定，或还没理顺。

■ 如何提升交付效率和稳定性

哪些因素影响家装行业施工效率

(1) 施工管理模式太落后，仍停留在 20 世纪 90 年代。装修工人一直遵循的是师傅带出徒弟、管徒弟模式，也可以说是包工头管理工人模式。在传统家装行业，装修企业对施工工人的管理基本都停留在项目经理 (包工头) 层，到不了工人，做好做坏就看项目经理的心态了。这种落后的施工管理模式也就严重制约着行业的发展。

(2) 施工工艺、施工流程、派工程序基本一成不变。多年来，在家装施工领域，施工工艺、施工流程、派工程序和二十年前差异不大，没有什么革新。比如黏结剂有了发展，但墙地砖的铺贴还是按瓦工拼接的方式，如此墨守成规，行业难有改变。

(3) 施工工具和技术革新没啥起色。以前开槽用凿子或电钻，现在依旧；以前刷墙用滚子或喷枪，现在仍是；以前工人干活儿灰头土脸，像刚出土的"文物"，现在还是没变。这么多年了，施工工具还是"土气"。

施工从工艺、流程到工具都要创新，通过技术发现施工过程的问题，并提高处理效率，可以提升施工过程中的用户体验，最大程度降低施工质量问题造成的负面影响与效率损失。

很多家装互联网化公司都在开发各种系统，使参与施工的各方对质量重视起来，推动了施工标准化的执行。

通过核心算法提高效率

传统装修行业模式下的各个服务环节层层盘剥，效率低下，成本过高。

而某施工平台通过核心技术手段，实现了工期自动计算，安排施工任务，制定完整验收标准，精准计算材料用量，减少了沟通成本，降低用户和供应商之间的服务成本，提高施工效率。

该施工平台围绕标准化提供三项核心服务，分别是预算、排期和验收。

预算：将装修报价压缩到十项以内，录入装修面积和基装个性需求，自动计算墙面、地面、顶面、水电工程及个性项目的施工方量、工价及材料用量，最终输出由基装加个性项目组成的报价单，其中包含了人工费、材料费，如果业主需要个性设计也可以选择付费设计师。

排期：按照工程量，自动计算出每一天、每个阶段的任务安排和整体排期，以此作为服务标准、验收标准和结算依据。

验收：工人需每天提交当天施工完成后的照片，业主通过手机便能够了解自己房屋的工程进度。另外，后台直接摒弃了监理这一角色，向业主提供每个环节的图文验收标准，鼓励其自行验收（现场、远程皆可），验收通过后才能继续后面的施工。如果发现不符合标准，业主可以投诉，工长接受的话便冻结其保障金。业主也可以随时辞退施工方，并且不支付当期款项。

不过技术系统的应用是建立在"已经有执行很好"的一套完善流程基础上，若有流程执行不好，应用技术系统也解决不了执行的问题。另外，在施工的每个标准做得很好时，确实不需要监理。

ERP 管理系统推进标准化施工

某知名装修企业推出了标准化的施工服务，对所有的工序进行标准化的切割和监督。所有施工标准都有明确的规定，并通过企业内部的 ERP 管理系统实现。系统对所有物料配送、用料、仓储、发货、验货以及施工的每一个环节，都有详细的管理标准和针对用户的阐述，用户在手机上就可以看到每天工人施工的情况。

为了保证施工质量，该装修企业直接采用垂直的施工政策，所有渠道销售的装修，全部统一交给公司的施工体系，这么做既解放了缺乏技术和资源的合伙人，又确保了标准化的用户体验。其实是希望通过垂直的控制，在尽可能整合外部资源的同时，保证自身的口碑与质量。

另外，公司建立了自己的物流体系和企业到工人直通的平台，所有的指令和诉求通过微信的方式直达工人。工人按照公司的标准和原则做好工作，每做完一件事情，把情况反馈到微信平台里面，就会有人去验收，验收后直接用微信红包的方式，把当天工钱结给工人，去除中间层，可以让工人劳务费比市场价高出10%，形成一种正向的循环。

而监管应该在什么样的节点、给用户发几张照片、什么时候跟用户说什么样的话，这些都是产品服务的一部分。如果服务的细节没有做好，既使装修质量做得再好，产品都不能称之为完善。

机器人装修的尝试

规模化面临的另一大瓶颈是对技术工人的严重依赖。青岛克路德机器人有限公司就研发制造了一批室内装修喷涂机器人。

克路德机器人总经理胡捷说："这款机器人可人为设定参数，也可依据自身完成的数据测量来进行工作，每天能够完成4000平方米的喷涂工作，而一个熟练工人每天只能完成100～150平方米。机器人不仅效率高，而且采用高压无气喷涂，可以轻松完成房屋拐角等高难度位置的喷涂工作，且喷涂得更为均匀细腻。"

未来克路德机器人还将继续开发用于贴壁纸及铺地砖的机器人产品，进一步实现产业化施工。

无独有偶的是，上市公司广田股份在2015年就参与投资设立广田机器人公司，打造建筑装饰专业机器人，运用新技术、新材料、新工艺，不断改进和优化产品。研发团队来自香港中文大学、中国科学院、日本东北大学等著名院校及研究机构，在机器人系统设计、机器人控制理论、系统集成等方面有一定的技术积累。

还有长沙万工机器人科技有限公司研制出的第一台智能墙面材料施工机器人——"百变工匠·达芬奇1号"。它可替代传统墙面造型施工作业，如丝网印刷、手工彩绘等传统工艺，且不局限于墙面材料，可根据用户个性化定制需求在墙壁上快速施工，打造出任意造型。用智能机器加3D打印技术解决了环保装修中硅藻泥、贝壳粉涂料等墙面材料造型困难的问题。

虽然看似高大上，不过施工机器人也面临不少挑战，产品仍在不断迭代中，离大规模的产业化应用还有很大距离。

长沙万工机器人科技总经理刘紫敬认为研发施工机器人需要克服很多困难：环境的感知及高精度定位，施工的路径规划，整机的轻量化设计，当墙面施工高度需超过3米，还能轻松进入施工场地且不需要重新组装，机器人行走结构及控制等。

智能装修机器人

Uber 模式加系统化思维

Uber 模式优势更多体现在对已发生服务的监督和奖惩上，对正在发生的服务是失控的。但单纯按此模式选择装修公司，试错成本较高，业主更趋向选择对工长有绝对把控能力的公司。毕竟装修不同于打车，目前阶段产品复杂，施工从业人员素质差这些问题是很难靠一个软件的系统管理解决的。

所以用系统思维管理工长是可取的，但这只是锦上添花的"花"，很难作为公司核心竞争力。"锦"还是将产业结构做最大优化，去掉更多中间环节，保证提供更可控的施工、设计、材料。

■ 装修工人职业化的方向是信息化产业工人

装修工人必然职业化

提起产业工人，装修行业自然会想起爱空间的"自有产业工人"，在其横空出世时就饱受质疑。2016 年 11 月，陈炜承认，经过两年多的摸索，遇到最大的坑就是"自有产业工人"这条路确实走不通，至少现阶段还不够成熟。他尝试采用 Uber 模式来直管工人，同时会建立对工人的评价等一系列标准来保障施工质量和用户体验。

2019 年 3 月，爱空间正式启动信息化产业工人，建立了专属于爱空间产业工人的大数据信用体系，原本松散无组织的装修工人正式产业化和信息化。

爱空间踩了不少坑才基本理顺产业工人体系。因为培训工人和干装修就是两个行当，就算你资源再多、实力再强，要把这两件事都做好也是很难的，更何况对一个快速成长型企业来说，得集中优势资源攻其一点，寻求突破才行。

但产业工人的行业大方向是没错的，装修工人必然职业化、专业化、产业化。从装修行业来讲，能标准化、体系化、技术化施工，有信息化支持，能专业、认真、负责且大规模复制和作业的工人，就是产业工人。

目前家装的所有模式，最终施工时还是要面临工长（项目经理）和工人。我只能说，这是一群没法谈理想的人，再好的模式、再仔细的监工，在他们面前都是纸老虎！曾有一个工人跟我说他的偷工方式，比如做防水，装修公司明确要求必须用 2 桶防水涂料，但是他会偷偷地把一桶直接倒进厕所或拿出去卖掉，就是为了少干活。某家知名公司的很多项目经理说多乐士金装无添加 5 合 1 墙面漆可以 180 元的价格给我（顿时让我蒙了），都是平时在工程当中偷工减料出来的。说了这么多，我想表达的是家装这个行业，如果想规范，那么工人就必须职业化，除此以外，没有他路。

职业化的方向是信息化产业工人

现在装修工人群体面临两个挑战。

一是老龄化严重，一些工人不会操作智能手机、不懂 APP 管理。据不完全统计，2014 年我国建筑装饰行业从业人员约为 1600 万人，其中现场施工人员约占 60%，为 960 万人，施工现场作业人员主要由 40 岁以上的中老年人构成。由于年青技术工人的补充严重不足，施工现场劳动力老龄化现象日益突出，这将成为家装行业发展的不小隐患。

二是后续人员补给不足，越来越多的年轻人不愿意从事这行，怕苦、怕累不说，觉得没面子、没尊严。

全国人大代表徐强在参加两会时说，现在的产业工人有很多分流及跳槽现象，因为年轻人觉得提升空间小、社会认可度低，个别领域已经出现了青黄不接的苗头。

而中央全面深化改革领导小组审议通过的《新时期产业工人队伍建设改革方案》明确提出，要提高产业工人素质，畅通发展通道，依法保障权益，造就一支有理想守信念、懂技术会创新、敢担当讲奉献的宏大的产业工人队伍。

所以就得从源头上解决工人问题，通过职业教育和学徒制教育打造一批年轻化、信息化、专业化、有现代管理经验的产业工人和专业人才，持续为家装行业输送人才。

我了解到一些企业已经在专门从事产业工人的培训、教学和职业教育。甚至有创业者跟我描述：如果有一个家装产业工人系，专业包括水电工专业、木工专业、瓦工专业、油漆工专业等，包就业，在二线城市的月薪 5000 元起，还有职业文凭（大专以上），是不是也有些吸引力？

另外，行业内仍有企业没有放弃自有产业工人模式，比如获得蔡文胜 3000 万元天使轮融资及 IDG 资本等 7000 万元 A 轮融资的美窝家装采取的也是自有产业工人模式；家装后市场的神工 007 经过多年摸索之后，从最初 Uber 模式运营开始，朝着"核心工人"的模式转变；绿地集团旗下家装互联网化品牌诚品家则通过校企合作打造科技型工匠人才。

其实，如果装修服务面向中高端用户，客单更高，毛利可达 30% 以上，口碑很好，介绍客户机率在 40% 以上，自有产业工人模式也有可能跑得通。

这里不谈自有产业工人到底有没有未来，但**信息化产业工人一定是家装行业施工人员进化的一个方向。**

■ 共享经济下 "互联网平台＋海量产业工人"

产业工人与共享经济

共享经济一般是指以获得一定报酬为主要目的，基于陌生人且存在物品使用权暂时转移的一种新的经济模式。其实质是整合线下的闲散物品、劳动力、各类资源获得再次利用。这种"共享"更多的是通过互联网作为媒介来实现的。

比如共享出行有 Uber、ofo，共享空间有 Airbnb(旅行房屋租赁社区)，基本都是将闲置的私家车、单车和房屋重新使用，并获得一定收益。**共享经济的本质是提高剩余产能的优化配置效率。**

其实，自有产业工人算不上共享经济，完全被公司捆绑，供养着，效能不一定饱和。再看看正在逐步走向全职化的网约车司机，近八成是全职，七成多的司机在线时间超过了 10 小时；既使是兼职司机，在线时长超 4 小时的也有 4 成。所以有人说 C2C 模式的网约车之前一直提倡把闲置资源拿出来共享的概念已经名存实亡了。

而产业工人是自由流动的，他们能否参与共享经济，发挥最大效能，关键在于参与平台的配置效率。他们好比闲置的私家车，是不是共享经济，就看平台是不是"Uber"了。所以工长平台这样重度垂直家装互联网化的配置模式效率必然高于传统装修的分包模式。

"公司＋个人"还是"平台＋个人"

目前装修施工的实质仍然是工艺和管理。工艺代表施工技术，而管理决定了

施工质量，毕竟还是依靠一线工人去操作的，而非以技术手段实现。

对于产业工人的组织形式，目前有三种形式。

一是"公司＋雇员"。就是自有产业工人，做精细、做口碑、做高端用户，标准化施工程度高，易于管理，缺点就是初期成本高，需要最大化缩短工期，资金密集度高，复制性慢。目前仍有一些家装互联网化公司在坚持自有工人，但实施起来困难很大。

二是"公司＋个人"。即产业工人与公司通过双方利益最大化的方式实现捆绑合作，没有必然的依附关系，目前家装互联网化公司多在朝这个方向努力。

表现形式多是与工长合作。由工长管控施工队，一对一沟通，复制性强，缺点是工长素质参差不齐，难点也是找到合适的工长很关键。

需要强调的是，产业工人是在施工标准统一的前提下进行培训、考核、验收、达标 (有一定的认定标准，并可能获得资格证) 的。目前的大部分工长算不上产业工人，但也有一部分工长责任心强、施工标准高、专业且负责，广义上也算是产业工人。

三是"平台＋个人"。平台作为第三方参与施工管控，帮助用户推荐或挑选工长，如 3 空间、惠装网等。

有人说，从社会化的角度出发，结合供给侧结构性改革才能够触及并改善施工的本质，并举例 Airbnb 和 Uber 的逻辑，认为家装行业未来的施工方式也应该是"互联网平台＋海量个人"。

其实家装互联网化的趋势一直是从平台模式向半垂直半平台模式过渡，甚至是直接向垂直模式过渡，落地服务越来越重（除非是应用工具类）；而牵扯流量分发或信息撮合的平台都已证明，若不介入交付过程，装修结果就不可控。

曾看到朋友圈有人说："说句得罪人的话，我不太认同'平台 ＋ 个人'的模式，没那么简单。就像我振臂一呼，来了一堆厨子，但都是西红柿炒鸡蛋的水平，有啥用？任何一个有竞争力的模式都需要付出艰辛的努力，付出时间和心血，才能把团队拉扯大。德鲁克说，把知识分子组织起来是一个世界级难题，好像我们都忘了，就像一个一流水准的乐团是需要长期的训练和磨合的，不过，'快闪模式'肯定会越来越多。"

再强调一下，家装互联网化要想发展好，一定要解决好两个问题：**一是施工标准统一化（标准化的升维就是装配化），二是工人职业化、专业化、产业化及梯队建设**。这可以看成是家装互联网化行业的基础建设，这样会提升行业效率。但光靠几家企业很难达到，还得依靠政府和行业协会来推动。

谁能让装修工人职业化、产业化，谁就能改变整个行业的生态。

■ 产业工人是这么炼成的

建立产业工人的培训体系

装修品质的优劣，除了需要必要的主辅材，更需要的就是装修工人的一手好活。要想成为产业工人，第一步就要接受专业技能培训，再加上严格的试卷考核和工地实操考核。

而家装互联网化公司快速扩张后，优秀的家装工人确实是个大缺口。现阶段怎么解决产业工人问题呢？毕竟不能等相关部门、行业协会或企业给你组织培训吧！这个时间你能等得起？

现阶段校企合作是应急之策，比如某司与四川大凉山的职校合作，直接培训学生从事家装产业。还有绿地诚品家已与上海思博职业技术学院、南昌工学院达成战略合作，通过校企合作方式，从学校筛选人才补充到施工队伍中。

这些学生年轻、认真，身上没有从业七八年老工人的江湖气，通过装修产业工人的正规培训，他们也非常容易快速从山区融入北上广这样的大城市，并且获得一份不错的收入。

全国工商联家具装饰业商会的一份报告举了一个案例：自 20 世纪末开始，家装行业中的优秀企业就开始了在施工环节改革的尝试，比如家装行业产业工人建设，试图将施工工人升级为现代产业工人，通过集中吃住、统一派工、月薪制、三险一金等现代管理手段，改变对施工环节管理不力的弊端。2004 年，中国第一所家装行业产业工人培训学校在湖南株洲问世，学校通过设置泥、木、水、电、油专业，采用带薪制的方式吸引施工工人入校进行两个月的专业学习和实践，力图使施工工人职业化、施工工艺标准化，进而实现行业产业工人队伍建设的目标，但上述实验都因为成本过高、管理难度太大、农民工多年来形成的习惯势力过强而告半途而废。

上面说的自有产业工人模式推出的时机太早，**那时没有服务的概念，不讲口碑，干完挣钱就行，根本没有动力通过自有工人培训提高服务意识，打造精品装修。**现在行业面临艰难的挑战，是因为全国市场扩张后，装修规模化复制，工人缺口太大了，时间成本和资金投入使得很难"自有"。

而所谓的产业工人培训学校在当时没有生存的土壤，那时赚钱容易，由师傅带徒弟，脑袋灵活的徒弟很快就当上师傅了，忙着赚钱谁有闲工夫上学。当然，学校办不下去也牵扯盈利模式设计的问题。而现在消费升级、社会不断分工、用户不断细分，行业都在讲口碑，讲转介绍率，故学校还是有需求的。

培训中就要用数字化连接武装一线员工，开发新的用户管理系统，通过强大的后端衔接多个系统，以工人移动 ERP 系统、即时通信系统等在工程实施时全面掌控数据。通过激励体系，提升效率、降低成本，从而提升用户口碑。

其实，这个行业的手艺人并不像人们想象的具有很高的专业门槛，缺少的是吃苦精神、正规的教育培训以及源自内心的"匠心"。

建立产业工人的认证体系

工人通过考核后进入产业工人体系进行认证，也是家装互联网化公司的一个标志，在传统装修公司干活时，工人往往享受不到任何职业福利，更像是一个游击队，打一枪换一个地方。

而家装互联网化公司要做的，就是给产业工人提供一个安心的工作环境和一个温暖的家，让装修工人获得应有的尊重和成就感，而不再是过着一个人等在街头、谁有活干跟谁走，或者没有保障、干一天活吃一天饭、不知道明天在哪里的日子。

如果家装互联网化公司让每一位员工都觉得舒心，从而让他们把这种舒心传递给用户和合作伙伴，岂不是更美。

建立产业化的团练体系

团练是中国古代地方民兵制度，在乡间的民兵亦称乡兵。鸦片战争时，林则徐在广东三江各乡镇组织乡勇及民团抵抗英国海军，取得成功。乡兵开始被收编为正规军队。

太平天国起义时期，1854年初，曾国藩以团练为基础，加上兵勇、夫役工匠等编成陆军十三营六千五百人、水师十营五千人，共一万一千五百人，人称湘勇或湘军，兵随将转，兵为将有，全军只服从曾国藩一人。组织清晰、纪律严明、目标一致，遏制了太平天国的主要力量，成为改变历史进程的一个关键。

家装互联网化的产业工人和团练何其相似，都是农民出身，都需要严明纪律、协同作战、统一行动、听从指挥，这和散兵游勇的装修马路游击队有了质的区别。要想改造传统装修，必然需要团练般的产业工人集群作战才行。

建立信息化的产业工人

没有信息化，产业工人的效率是提不起来的。

爱空间之所以能直管3000人以上的产业工人，就是因为了建立了信息化产业工人模式。

对于爱空间来说，底层信息系统打通了，如果没有产业工人去做直接管理，这套系统就没用。传统家装中，通常采用包工头方式管理，可以管理10～20个工地，但很难同时管好30个或50个工地，因为没有合适的工具和足够的人员。因此，标准化装修要想实现从1到N的复制，必须拥有自己的产业工人团队，借助信息化系统和工具，方能相得益彰。

那么产业工人要什么？"活不断，钱安全，有尊严"，爱空间CEO陈炜如是说。产业工人会接受短期的职业化培训，在熊师傅APP接单，每次施工后接受项目经理、项目管家和客户三方评分，依分获取报酬和评级，评级作为长效机制，级别越高派活儿越多，收入自然越高，也越受到尊重，这激励工人提升工艺和服务水平。

第11章　难有效率的家装供应链

供应链两大阵营

为什么都在争夺供应链

这两点，供应商要崩溃

三个误区改过来

供应链的五大痛点

利用六种策略打造最强 F2C

用五力模型解析装修企业供应链

从 F2C 到 C2F：零库存化的努力

■ 供应链两大阵营

传统装修主要供应链合作模式有厂家集采、进场自卖、代购模式、集采半包模式。现在大型装修企业与品牌材料商的战略合作增多，如相互参股，保底销售等。

而家装互联网化供应链分为两派：一是选用大牌产品，如爱空间、橙家、万链、金螳螂·家、积木家、速美超级家等；二是以贴牌为主，就是所谓的代工(OEM)，简单理解就是我下订单你生产，然后贴我的品牌，如乐豪斯装饰。

用户更加信任大牌产品

大牌产品优势明显，本身就有品牌知名度，当品牌知名度高了，用户则更容易对其产生信任感。当你把这些大牌都集合在一起时，用户会对你的产品更容易产生信任感。

诚然，在目前的市场，品牌响亮不一定品质最好，或者性价比最高，品牌背后的信任不是那么容易建立起来的，比如苹果手机、海尔电器、大众汽车。另外，产品的附加值、售后服务是大牌产品的优势，价格贵也意味着服务的溢价。

劣势就是价格不是那么容易谈下来的，大牌的服务、运营、广告等都有高成本，这也是后面要谈的问题，比如通过 F2C 集采降低价格。

OEM 易掌控价格

逛家乐福时你会发现，面条、食品等一些生活品品牌是家乐福自有的或打着特供字样。这些贴牌的产品有几个特点：一是销量大，二是价格低，三是产品附加值低。

名创优品，一家 2013 年 9 月创立的零售实体连锁店，在两年多时间里，在全球开设了 1400 多家连锁店，2015 年销售额超过了 50 亿元。

名创优品控制了商品的设计核心力，除了食品外，全部使用 MINISO（名创优品）的品牌，由此掌握了商品的定价权。一家名创优品店约有 3000 种商品，绝大部分从 800 多家中国工厂定制采购，因此也能够保证价格上的优势。

名创优品每次都是大规模采购，并且是一次性付款买断，因此它的供应商愿意给出最低出厂价 —— 常规出厂价的 50%。然后名创优品将自身的毛利定为很低的 8%，再通过它在全国和全球各地的仓库将产品直接发货到门店销售，门店只加价 32% ～ 38%。最终名创优品的零售价只有别人出厂价的 90% ～ 97%。相比传统实体店，名创优品不仅出厂价低，还去掉了省级代理和市级代理两个传递价值的环节，因此成本大幅降低。

贴牌最大的一个问题就是用户的品牌认知度很低，基本没听过，只能走低端路线打价格战。除非是在一个地方深耕多年，比如成立于 1999 年的乐豪斯装饰，业务模式是"拎包入住式"整装，从装饰到主材，从软装到家电，为业主提供"一站式 F2C"服务，经过十多年的沉淀和发展，被称为家装行业的宜家。

不过相比高频行业，材料的品牌知名度都没那么高，一个品类里，用户熟悉的就那么一两个。如果 OEM 在品牌包装、产品设计、店面陈列及宣传片、VI 系统等方面下番功夫还是可以"以假乱真"充名牌，这样更容易让用户接受你的产品，但最终还是看产品的品质和质量。

另外，如果出货量大，在生产环节的价格是可以降下来的。

自建供应链还是找经销商服务

生活家董事长白杰说："区域龙头装修企业不爱干脏活累活，因为仓储管理、城市配送、安装和维保经销商干完了，自己就不会搭建一套供应链，太依赖于当地经销商资源，会形成路径依赖。当然，由于经销商也是赶上了红利期，发展比较粗放，服务做不细，竞争力较弱。"

而生活家是被逼出来的，要走向全国，就不能有路径依赖。这是时机和战略眼光的问题，如果早期过度依赖经销商，当要扩张时供应链就容易成为发展的短板。现在自建供应链相比之前的建设环境好多了，厂商也有需求，不像以前市场好，经销商出货量大，那时没动力。

■ 为什么都在争夺供应链

家装互联网化在价格、设计、工期、服务等方面都提高了装修的确定性，但运营效率、管理效率和供应链效率还有很大提升空间。

家装本质是服务，成交前提供咨询、体验、量房、设计、交底等服务；成交后则进入加工制造业，通过装修工人使用工具将工艺和材料完美结合成产品。这里面起关键作用的是信息化系统、供应链和质量管控。如果不能很好解决供应链，那么这个装修企业难以可持续性盈利。

供应链沉淀成本最高

装修行业的价值链很长，每个环节都要沉淀 10% ~ 20% 的成本，其中供应链的沉淀成本是最高的。一般从厂家出货会经过省级总代、分销商层层加价，比如灯具新品出厂后价格翻十倍，再打八折卖，加上不好卖的老款，平均算下来，基本是翻三倍。洁具类出厂价翻五倍做标价，卖出去后一级代理商的毛利率达 60%，二级代理商的毛利率在 30% 左右。以大品牌的马桶中端产品为例，零售在 1200 ~ 1300 元的，放到标准化套餐里一个仅 800 元。

既然价值链越长成本越高，**那就缩短价值链**，同时也要改造交易结构，提高**流通及运营效率，输出强大的标准和管理体系**。而互联网提供了这样的条件，通过供应链 F2C 集采，规模化提升优势。如果你在供应链没有建立壁垒，最大一块的成本就很难降下来。

采购规模影响边际收益

边际收益等于边际成本时利润最大。为了便于理解，可以将"边际"等同于"增加的"，"边际收益"即"增量"的意思。也就是说，每单位增加的收益＝每单位付出的成本，达到这个临界值时，利润最大。

如果通过集采比从经销商那里拿货每件便宜100元，那么1000件就省了10万，反之则增加了10万成本。一个月做七八单看不出来，一旦量大那也是一笔巨款。

某年万科销售了近20万套房子，如此庞大的房源为万科家装公司带来巨大的集中采购成本节约。如果万科每年向某家电、五金、卫浴、建材等品牌供应商集中采购10万～20万套，享受的折扣价相较几百、几千体量的采购价将会平均降低20%～30%，少则10%，多则50%以上。光集中采购带来的成本节约就足以打造万科家装的价格优势。

家装互联网化与物联网深度融合的物流流通体系还没建立

只要这个行业和物流密切相关，那就只有通过互联网建立起与物联网深度融合的物料流通体系才能算得上是真正的互联网化，而现在家装互联网化还没完全建立起来，这就是机会。

家装互联网化供应链公司会率先胜出

英国供应链管理专家马丁·克里斯托弗说："21世纪的竞争不再是企业与企业之间的竞争，而是供应链与供应链之间的竞争。"

传统装修行业的发展会有两个趋势：**一是装修公司数量变少**，行业集中度会更高，原成本结构解体；**二是装修用户的消费习惯升级**，企业产品、服务和运营体系都须全面升级。在发展过程中，最先胜出的家装互联网化公司就诞生在供应链领域里。这是为什么？

现在的家装互联网化纯粹依靠"基础装修＋主材"无法获得高毛利，只能借助"硬装＋全屋定制家具＋厨电＋软装＋智能家居"获得更高营收。从业主的最终需求来看，拎包入住才是他们所期待的，只是现阶段各大家装公司的信誉、口碑、设计水平、施工能力、供应链管控及成本控制还达不到用户的心理期望。

而从盈利点分析，施工收入属于微利，一个家装公司一个城市一个月能做100单少之又少。为设计买单的个性化用户需求很多，要求很高，也不属于目前家装互联网化的核心目标人群。唯有在材料上做到F2C才可以在供应链上赚取更多利润，一站式装修服务里，至少70%～80%都是主材、家具、电器等产品。

■ 这两点，供应商要崩溃

欠款，说好月结的

个别家装互联网化公司拖欠供应商货款比较严重，合同约定的是月结，但因为现金流紧张，可能合同的二期款由于工地延期而无法及时收缴等各种原因无法支付。

有厂家跟我抱怨："合作半年了，一分钱都没收回呢，天天催账，对方总以老板不在、财务对账忙不过来、财务有事不在等各种理由推脱。当时约定的是每月10号结款，一次都没结。"言语之中的无奈让人唏嘘，都不容易，都有个难处。

但话说回来，信誉是用钱买不到的，是长期积累下来的。所以后来供应商就精明了，先付钱后送货，否则免谈，失信就是失心。

售后服务成本太高

成本不仅来自产品的生产成本，还有服务成本。供应商跟你合作，产品毛利才500元，反复两次送货，第一次工地没人，加上劳务成本共计300元，再处理一次售后花费200元，得了，白忙活了。

再比如设计师的排砖图有误，会导致瓷砖要么多了要么不够，将300 mm×450 mm的墙砖设计成300 mm×300 mm，送多了拉回去不一定能用，还要计算运费和人工成本。这些供应商都会计入合作成本，几个月或半年一算，也没赚什么钱，干脆就算了。

其实，供应商也不傻，两笔账都要算。与供应商合作，要最大化降低沟通和服务成本，看似这些无偿，合作方都会纳入成本评估体系。在销量达不到要求的情况下，又产生各种浪费，最终合作难以为继。

有时厂商逼着供应商跟某某公司合作，给其供货，供应商就是死活不干，连罚款都认，就是不跟该公司合作。因为供应商心里明白，该公司要的货不多，沟通还费劲，挣那点儿钱都不够劳神的。

此外，还要考虑"品牌损耗"，知名品牌是不愿意在价格上打折的，如果你拿出一款单品作为吸引装修用户上门到店的理由，原价699，现价199，这些品牌厂商肯定不好受，因为这是破坏市场价格体系，对品牌塑造会产生不好的影响。

所以双方需要多为彼此考虑，一定要建立和谐、可持续的供应链管控体系。

■ 三个误区改过来

做供应链就是砍价格

为了获得较低的价格，你可以招一批砍价高手，专门去跟供应链谈判。

就采购而言，不要随便让供应商送东西，也不要随便让给政策，那都是成本。看似是白送的，最终这个成本还会转嫁给你。因为，**红色利润是你该挣的钱，而黑色利润是挣了本该是别人的钱，受损方会在你看不到的地方再加倍补回来。**

只有良性坚守，在有量的基础上，还有共赢的心态，才能形成"我们"一起来做的思维，我给你提供尽可能的方便和支持，你也最大化让利给我，彼此都受益。合作伙伴自然会对你资源倾斜，合作就会越来越有"好感度"，形成利益均衡的良性生态链，你也会形成一定的资源壁垒。

做供应链就是卖材料

家装互联网化的城市扩张整体趋缓，最大的一个问题就是供应链的复制能力太弱，尤其是定制品的复制问题。正是由于这个问题，使得行业内很多公司发力做供应链，不注重施工质量，甚至打包卖材料。

当行业内一窝蜂时，按照自己的步伐稳健发展才最靠谱，能真正给用户带去价值，能推动行业发展才会走得更远。没有深度思考和有效试错，觉得这样干太苦太累就放弃，浅尝辄止；或那样干更容易，但往往也干不成。

家装互联网化的供应链多是F2C，直接从工厂到C端，但还有三类专业供应链服务商。

(1) 家居物流服务商：解决产品从厂家到用户端的物流、仓储和配送等工作。代表企业有专注家居物流的易友通、蚁安居及云鸟配送等。其中，蚁安居依托华耐家居集团的资源优势，为卫浴、瓷砖、吊顶、灯具、壁纸、橱柜、地板、木门、家具等9大品类家居品牌商及装修企业等B端客户提供从产品出厂开始的干线、仓储、配送、安装、维修等全流程一体化解决方案。

(2) 主材B2b：解决中小型家装公司建材采购成本问题，提供以重货供应链为基础的2b垂直供应链服务，以达到降低采购成本、提高采购效率的目的。代表企业有杭州东箭、广东装象、厦门中装速配、放芯装等，通过集约化采购和配送，绕过经销商直接给中小家装公司、中小发展商、大工长提供正品主材。

(3) 辅材B2b：目前传统工长和装饰公司在采购辅材时经常遇到多点采购、配送不及时、配送费高昂、关系采购、难以把账期标准化等问题。所以就有了专业的辅材供应链服务商，代表企业有搜辅材、全材网、小胖熊、工头帮、甄采等。

成立于2015年的搜辅材专注于辅材供应链，是主营装饰辅材的B2b电商，针对的客户为工长、装饰公司以及有采购需求的专业B端客户。

为了解决辅材行业的痛点，搜辅材首先自建仓储物流体系，所有全线辅材产品从源头直采，实现正品、低价，配送快速、及时；其次，搜辅材售后＋厂家售后双重保障，让工长放心、让用户放心；再者，为了解决施工标准化问题，搜辅材建立施工与安装服务的惠施工平台，为B端提供从材料到施工一体化服务。最后，搜辅材研发了供应链金融解决方案，打通支付闭环，通过供应链金融和大数据为工长和装饰公司提供标准化的金融服务，打破传统的关系采购和账期混乱的问题，并且建立搜辅材自身的信用体系。

做供应链强调"有限"

有限的尺寸、花色、规格等不可以规模化集采，因为这不符合用户需求，或者说违背人性。

未来的发展趋势是设计个性化、材料标准化，只有足够多 SKU 的标准材料才可能支撑更多的个性化设计需求。如木门、实木门、实木复合门（油漆门、免漆门），不同颜色、样式等，若做 50 款，每一款单量在 1000 套以上，量还是很大的，也能满足大部分用户的需求。

当然这里的"有限"材料是基于用户需求调研和服务众多用户的大数据分析得出的，而不是靠与厂家的关系拿货后再混搭而成。虽然都是减少 SKU 数量，但完全是两码事。

■ 供应链的五大痛点

集采量不多，价格下不来

这不需要多解释，F2C 集采量不够的话，生产、物流、配送、安装及售后的成本都比较高。如果一条生产线，只给你供货，那可想而知成本有多低。注意产量增加时，边际成本是先减少后增加的，要找准和规模经济的平衡点。总之，有销量才是最好的供应链管理。

嘉御基金创始人卫哲从企业角度来讲，有三类规模效应，即 3 平方千米规模效应、同城规模效应、全国规模效应。

第一类，3 平方千米规模效应。如果你每个 3 平方千米都不赚钱，那么你有 1 万个也还是不赚钱。走出 3 平方千米的业务，和这个商家没关系，商家不会因此给你更高的返点或者降低成本；消费者走出这 3 平方千米，也和你没什么关系了。

第二类，同城规模效应。比如找工作、找房子、搞维修、搬家……我在朝阳区租房子，如果海淀区有份工作，我还是愿意考虑的。这样消费者、商家、平台在一个城市，规模才有意义。 同样的，你每个城市都亏钱，20 个城市合在一起也会不赚钱。

第三类，全国乃至全球规模效应。亚马逊、京东、天猫，包括传统零售的沃尔玛、百安居，它们有全国乃至全球规模效应，为什么？百安居如果在全国有 50 家门店，每家门店都不赚钱，但可能合在一起就赚钱了，因为合在一起后，向上游的集中采购量增加了，上游会给它让利，它的利润空间就大了。

如何判断规模效应？打开财务报表，看看每一行成本是 3 平方千米成本、同城成本还是全国成本。如果你的全国成本很多，比如营销费用占全国成本很多，那么在营销细分项上，你的企业具有一定的规模效应。如果你的营销费用很低，或者在全国没什么网点，只有一两个或五六个城市，那么千万不要做全国性广告，没有意义。

就家装而言，服务用户和落地执行是同城规模效应，甚至是 5 平方千米规模效应，而供应链是区域也是全国规模效应。宜家正是基于全球的超大规模和产品的独特卖点构筑起了"看得见学不会"的产品竞争壁垒。**家装互联网化必须建立差异化优势、品牌认知优势、成本优势、效率优势和区域规模优势。**

标准化不足，运营成本高

如果不是标准化产品，一味压价是没有意义的，这也是家装互联网化的整包产品可以做到低价的一个原因，最大化减少同一产品的花色、样式选择，并对非标产品进行标准化改造，通过工业化的大规模生产和标准化服务降低成本。

比如某设计团队致力于非标产品的标准化设计研发，从设计的角度切入，只要订购板材和五金，通过家具模块化就能实现标准化。这里有个基础是板式家具需要其他部门配合才能规模化。而产品模型成型以后，前端销售人员就可充当设计师。

还有某装修企业把很多的非标产品变成了标准化生产，以门为例，房屋的门洞大小都是不一样的，这导致了几乎每一套门套都需要量身定制，这无疑增加了 SKU 或采购难度，提高了生产成本，也包括仓储物流成本。

他们的做法是以统一的标准向厂商下单，送到工长手里后，根据门洞的大小，再对标准门进行调整。包括橱柜的测量，这部分工作原来是橱柜厂家来做的，现在转移到工长身上，厂家把这部分节约的成本自然体现在了对他们的供货上。

无共赢基础，工期没保证

不要一味砍价，而忽略了供应链的服务成本和前提条件，看似这些和你无关，但合作方都会纳入评估体系，在销量达不到要求的情况下，合作难以持续。供应链管理不是简单的供应商管理，也不是简单地以量压价，而是要为厂商创造降低成本的条件，创造提高效率的条件。

如积木家一直坚持"善意发心"的企业价值观：每个人做任何决策时，请不要伤害你的业务伙伴！满足合作伙伴的需求，才是满足自己需求最好的方式！

相反，派的门总经理谭萍曾跟我义愤填膺的吐槽："**套餐里为什么就得压缩定制品的价格，定制品活该吗？供应商太可怜了。定制品的服务成本最高。**"

这样一来，你挣了供应商应得的那部分利润，他可能会在你看不到的地方补回来。双方合作磕磕绊绊，协同运营效率低，材料不能及时供应，工期自然会受影响。

物流短板大，退补货麻烦

目前供应链管理有四大难点：运营成本太高；实效慢，工期无法保证，难以协同；运营效率低；退补货慢，损失无法保证。

其中，**在物流仓储配送阶段的短板尤其明显，F2C 确实可以降低家居产品的出厂价，但物流、损耗、仓储、换补货等成本又增加了最终成本，包括换货、补货导致的工地延期，用户体验变差，甚至还有延期赔偿款，尤其是配送地市场每月单量还不大时。**

所以家装互联网化公司也开始了自建仓储，甚至自建物流。

速美超级家依托东易日盛强大的供应链体系，将建立"京东模式"的扁平高效供应链平台，已完成 9 个一级仓，19 个二级仓，争取兑现给事业合伙人"高效供应链火速运达"的承诺。

另外，爱空间所到之处，都会建大仓，物流和第三方合作完成。

相比自建物流仓储，找专业的物流服务商合作，前期虽成本高，但磨合好了后面就省事了，不过也是分不同企业不同阶段来说。在新乡时，蚁安居 CEO 王跃峰向我吐露疑虑："自建仓后如果这些家装互联网化公司倒闭了我们怎么办？他们做强做大后肯定会自建仓储物流我们又怎么办？"

其实，也不用担心，就算与这几家的合作中止，一个城市中家装公司那么多，只要你的供应链效率更高，有竞争优势，总会有装修企业找你合作。就像京东的"亚洲一号"建成投产后，就有足够的能力向大量卖家开放仓储服务、配送服务。因为京东提供的服务价格，远低于商家自己建仓、自己找第三方配送的费用。对于用户来说，还能体验到京东自营服务的品质。

而家装互联网化还在发展阶段，材料配送主要依靠厂家的合作伙伴，单量少不用建仓；一旦达到一定规模，也都会建仓，但干线物流配送还是主要依赖于第三方解决。

不愿意取舍，没有核心点

家装行业是一条非标的产业链，长且复杂，包括上游的材料商、平台、家装公司、消费者等，涉及设计、施工、验收、售后等多个环节。而供应链在家装行业扮演了流程最复杂、牵扯面最广、利润最大贡献者的角色，对整包的工期进度起了决定性作用。

如果要把供应链做好，就会面临各种问题，单就标准化产品、物流、售后等需要专业人士去做，家装产业链条过长，属于你的极致产品可能只有一个，或设计、或施工、或供应链，抑或做足够垂直，做好一个就够了。

实际上，较小的家装互联网化公司一上来就切入供应链是不靠谱的事情，家装是重度垂直的行业，如果从头开始做，无论是人力、物力、财力、精力都会跟不上，这些公司应该去做传统家装没有做好的事情，比如花更多精力去研究用户。

■ 六种策略打造最强 F2C

F2C(Factory to customer)，即从工厂到消费者，指的是厂商直接面向消费者，产品可以直接从生产线送到消费者，消灭所有的中间代理商，通过批量的订单掌控与厂商的话语权。由于没有了中间的渠道商，保证质量的同时，价格比同类型产品便宜不少。

但受发展阶段所限，F2C 模式厂商还无法提供并保障完美的用户体验，因而短时间内还无法完全离开代理商和实体店，同时消费者也需要进行线下体验，并要求厂商进行一系列线下认证、银行信用担保、保险公司风险担保等。

F2C 使得家装烦琐复杂的供应链变短，过程之中的黑幕交易也可避免，不需要支付昂贵的展厅费、设计师回扣、预留代理商利润等，消费者不再被蒙在鼓里，而要做好这些，得注意六个问题。

1. 单品极致是 F2C 的关键

坚持有限个性的标准化，只选一、二线品牌的明星产品，用订单规模争取更多的话语权和优惠政策。这种做法保证了单款数量最大，避免过多款式带来选择成本和时间成本的浪费，毕竟用户不专业，仅凭看实物颜色可能会跟想象中的产品效果有出入。

类似于互联网整包家装，只提供几款风格，产品品牌和规格在套餐内做了严格规定。

那如果将选择的范围扩大，采购难度会非常大，供应链的成本也会很高，少海汇创始合伙人杨铁男也说："好比如果 1 万个用户都选择一个型号，我能谈到一个价格，但如果你把这 1 万个用户分散掉，每 2000 个用户去谈一款，原先的价格肯定就没有了。所以这就需要权衡和取舍，一定有一部分用户因为价格的原因放弃了我们。"

2. 长期的积累：建立良性的自循环链条

家装领域，谁最有可能做好供应链呢？无疑是出单量大的家装平台，这里包括整合家居建材及家装信息交易的平台。和谐的厂商关系和较大的交易量都需要时间和长久的运营积累。

房天下 666 套餐出问题的导火索就是供应链：要么量不多，要么量接不过来，根本没法把服务做好，如橱柜，这个月十来单，下个月却上百单，供应商很难做；约定好月付，往往却是到货后 2 个月付款，如合作的丽维家，都是从成都发货，北京一家的厨柜测量出了问题，来回处理问题就导致了一两个月的延期，有的甚至更长。

3. 挑选好厂商：一定要找有服务能力的

首先对厂商资质一定要严格筛选，提高准入门槛，不要考虑不具备服务能力的供应商。

装修企业一般是从市场需求变化的角度出发，通过数据分析，先完成一轮市场调研和竞品分析，之后再结合公司的发展方向来考虑不同层次、不同品类的产品，最终选择与公司最匹配的供应商合作。

另外，不要过分依赖传统渠道的厂商，他们不具备分布式大仓，服务能力弱，这类厂商容易出现问题。

也有公司通过资本方式撬动供应链，以更高的性价比去统一采购。但如果是平台的话，既卖我的商品，也卖你的商品，会面临角色的尴尬。

4. 标准化集采：标准化、集中化是根本

家装F2C采用标准化集采，与厂家直接对接，集中下单、集中批发、集中物流、专业售后。标准品要量大，要让非标品模块最大化，比如生产时间较长的橱柜等木作品，被研发出几十种尺寸的备用标准柜体。

供应链的掌控不仅需要量的支撑，还要解决复制难的问题。这靠的就是标准化、大数据应用和落地服务支持。

5. 全国落地配套：本地化复制要解决

对于供应链而言，最大的难题还是复制，全国性的公司如何复制？现在对一些家装互联网化公司而言，标准品材料复制都有困难，更别说定制品了。筛选有较强落地服务能力的厂商，依靠供应商解决落地配套问题。

派的门此前坚持做了一件很值得的事，就是安装工人自己管控，在服务城市还没延伸到的三、四线城市，如果有公司要合作，就得交质保金，买产品不买服务的也要交质保金，"不能出了问题，我们给你擦屁股，就像当年房天下666一样，门出了问题，用户找不到公司，就会找派的门。"

6. 体系化建设：供应链只是其中一环

在产业链条里，撇开运营获客、产品研发、工程管控、物流配送、售后服务等再谈供应链打造没有任何意义，这是一个体系化建设的问题。另外，还要注意阶段，做供应链是更容易掌控利润，但如果只是在单一城市做，而且体量不够，谈供应链意义不大，不如跟当地经销商加强合作更直接些。

其实，供应链管理可以用四个关键词概括，就是"整合、共赢、服务、快"，整合优质供应商资源，彼此有共赢的利益机制，一起服务用户，并能快速响应。

■ 用五力模型解析装修企业供应链

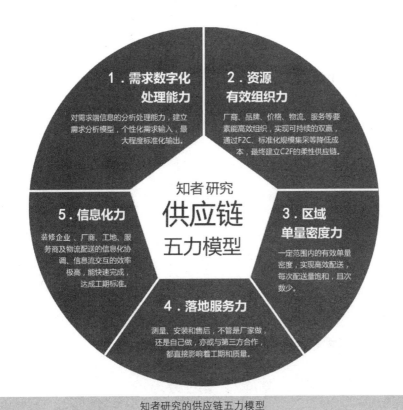

1. 需求数字化处理能力

对需求端信息的分析处理能力，建立需求分析模型，个性化需求输入，最大程度标准化输出。

2. 资源有效组织力

厂商、品牌、价格、物流、服务等要素能高效组织，实现可持续的双赢，通过F2C、标准化规模集采等降低成本，最终建立C2F的柔性供应链。

知者研究
供应链
五力模型

5. 信息化力

装修企业、厂商、工地、服务商及物流配送的信息化协调，信息流交互的效率极高，能快速完成，达成工期标准。

3. 区域单量密度力

一定范围内的有效单量密度，实现高效配送，每次配送量饱和，且次数少。

4. 落地服务力

测量、安装和售后，不管是厂家做还是自己做，亦或与第三方合作，都直接影响着工期和质量。

知者研究的供应链五力模型

1. 需求数字化处理能力

对需求端信息的分析处理能力，建立需求分析模型，个性化需求输入，最大程度标准化输出。

在服装行业有一条柔性品质供应链，特点就是根据市场需求的变化，快速做出反应和调整。如链尚网，为碎片化订单提供服务，让前端碎片化、个性化，但后端做到集成化、标准化。家装供应链的需求数字化处理能力与此类似，将各种订单的需求拆分，集合成标准的需求，再向厂商下单。

2. 资源有效组织力

将厂商、品牌、价格、物流、服务等要素高效组织，实现可持续的双赢，通过 F2C、标准化规模集采等降低成本，最终建立 C2F 的柔性供应链。

有效组织就是创新吗？创新不一定就是新发明、新突破。经济学家熊彼特认为将原始的生产要素，重新排列组合为新的生产方式，这就是创新，并且可能是更重要的创新。

3. 区域单量密度力

一定范围内的有效单量密度，实现高效配送，每次配送量饱和，且次数少。

家装供应链在物流仓储配送阶段的短板尤其明显，F2C 确实可以降低家居产品的出厂价，但物流、损耗、仓储、换补货等成本又增加了最终成本，包括换货、补货导致的工地延期用户体验变差，甚至还有延期赔偿款，尤其是配送地市场每月单量还不大时。所以区域单量密度这个判断维度至关重要。

4. 落地服务力

测量、安装和售后，不管是厂家做，还是自己做，抑或与第三方合作，都直接影响着工期和质量。

5. 信息化力

装修企业、厂商、工地、服务商及物流配送的信息化协调、信息流交互的效率极高，能快速完成，达成工期标准。

■ 从 F2C 到 C2F：零库存化的努力

C2F 是英文 Customer-to-Factory(顾客对工厂) 的缩写，中文简称为"终端消费者对工厂"。

理论上来讲，C2F 是直接向工厂定制，会节省出中间环节的价格，也会让用户享有独一无二的产品，交货周期快，还会降低工厂资金风险。

目前家装互联网化的产品大多是 F2C，装修企业选取知名品牌的最畅销的建材进行销售。未来，行业的发展趋势有可能是反向的 C2F。

C2F 模式既能满足用户的个性化需求，又能解决装修企业的库存问题。

C2F 模式的核心在于订单前置，用户预先下单，累计达到一千平方米即可规模化生产。也就是只要订单量足够大，可以重新反向定制产品，促进供应链的重组和优化。

爱空间陈炜曾举例说："比如原材料的供应，我们永远都是某一个品牌，且只有 3 款可以选择，这一个品牌我去采购五万套，大概 5 个亿，占全年销售额的20% 左右。这样的一个巨大订单要求，可以让厂家设一条生产线专门生产我的东西。"家装 e 站董事长孟德更直接认为，未来产品只有两种状态——在线上、在车上，将实现真正的零库存。

如一般百货店的商品流转时间为 3 ～ 4 个月，名创优品可以做到 21 天。叶国富投巨资开发了供应链管理体系，对所有商品的动销速度进行大数据管理，提高销售的效率。

我们再从用户端来看，用户的需求多样化而分散，但只要同一时间需求足够多，通过大数据进行数据聚合，会发现不少共性需求，再形成产品模型，找到最大的共性群体，定制产品，工厂下单，再送至装修现场。

服装个性化生产的市场需求，让很多小的独立品牌正在崛起，比如网红品牌，以及独立设计师品牌等，订货量没有那么大，一款衣服可能只有两三百件的订单量，而且要求尽快出货。但是两三百件的订单，对接成本巨大，意味着生产线得不停换款，工厂的买面料流程、生产流程、检验检测流程、物流流程全部发生了质的变化，但大部分工厂没法适应这样的转变。供给端的问题会拖累个性化品牌的发展。

怎么解决这个问题呢？一个应对方案，是建立柔性品质供应链，特点就是根据市场需求的变化，快速做出反应和调整。像韩都衣舍这样的品牌，订单能在7 ～ 15 天之内出货，就受益于柔性供应链。还有柔性品质供应链平台链尚网，也**就是为碎片化订单提供服务，让前端碎片化，可以往个性化的方向去发展，但是后端做到集成化。**

比如三个服装品牌要做三种牛仔裤，每个品牌只有 200 条的订单，品牌和工厂对接非常麻烦，工厂也不愿意接这样的小订单。柔性品质供应链平台就可以把小订单集合成一个大订单，一起采购面料，交给工厂生产，再把成品分配给三个品牌，就优化配置了资源。

总结一下，从理论和实际来看，家装供应链的 C2F 模式是成立的。这需要供应链满足前面的五力模型。

还有一个名词叫"供应链管理柔性",是指供应链对于需求变化的敏捷性,或者叫作对于需求变化的适应能力。这需要制造系统柔性、物流系统柔性、信息系统柔性、供应系统柔性等支持,也是 C2F 的实现基础。

不过目前,C2F 模式还不成熟,更多停留在概念和理论上,因为所依赖的大数据用户需求模型没有建立,也没有足够的体量和数据支撑。一切看似美好,但路还很长!

第12章 城市扩张：区域与全国

■ 原有的城市扩张模式

曾有一家美国的连锁酒店，完全依靠加盟形式进行扩张，并最终发展成为全球规模最大的连锁酒店集团，它叫"super 8"，即后来进驻国内的速八酒店。20世纪"连锁加盟"形式成为最知名的快速扩张手段，与之对应的则是以沃尔玛为代表的直营扩张。

而传统装修行业在城市的扩张主要就三个模式：直营、代理和加盟。

直营可以保持品牌文化及体系化建设的一致性，但速度太慢，投入巨大，尤其是传统装修公司到一个新城市基本是从 0 开始的。销售市场队伍庞大，太笨重了，复制起来除了资金压力，就是时间成本，一旦经营不善，想抽身都难。

而代理和加盟，需要强大的品牌、管理、培训、市场、运营等体系输出，**通常公司提供品牌，收取加盟费；提供上门流量，获得信息费；提供信息系统，赚取使用费；提供供应链，赚取产品差价。加盟商则利用品牌，迅速开拓市场，获**

取合同，拿到利润分成。

传统加盟一般分为自愿加盟和委托加盟。

自愿加盟：加盟方出加盟费、资源（资金、店面），公司输出标准化流程（装修、管理、产品），完成加盟后，双方尽管属于同一品牌阵营，但是每个店面独立经营，自负盈亏。

委托加盟：加盟方加入时只需要支付一定费用，经营店面的设备器材与经营技术皆由总部提供，因此店铺的所有权属于总部，加盟商只拥有经营管理权利，利润必须与总部共享，也必须百分之百听从总部指挥。

譬如，连锁便利店品牌7-11就采用"委托加盟"这种方式。7-11规定，月利润在4万元以下，公司提成56%；月利润在4万～10万元，公司提成升至66%；月利润在10万～22万元，公司提成86%。

一般来说，代理有省代或市代，公司提供品牌、流量或供应链等支持，代理条件如代理费用、代理保证金等会与代理区域的大小成正比，有价格优势，有区域排他性。而加盟商只是终端的一种，一个销售点，产品价格方面没优势，但销售任务也不会太重。

代理商在授权地区能代表或替代公司，在营销上拥有更多的自主权，与公司在授权地区平等。而加盟商要认同经营理念，遵守公司的规定，并接受公司监督。

从结果来看，家装公司的代理或加盟商，都是以利益为导向的，只要赚钱，很少注重管理制度，也很少在乎品质和口碑。

之前，在企业发展初期阶段，加盟商和公司是有矛盾的：公司怕加盟商对品牌的塑造产生不好的影响；加盟商怕品牌知名度提高后公司过河拆桥，双方彼此缺乏信任。导致公司赚加盟商的钱，加盟商以次充好毁坏公司品牌形象，这种合作机制不可持续。

若要做直营模式，肯定不能像传统装修那么重利益，而代理和加盟模式容易失控。

那么，想快速发展，又要保证品质，怎么办呢？

■ 合伙人"合"的是什么

全国一片"合伙人"

有这么一句话：毛主席一生打过多少次战役，指挥若定，成竹在胸，因为坚信只有发动人民战争，革命才能取得胜利。家装行业也一样，只有善用共享经济集大成者，才能取得市场发展优势。这话不无道理。

在家装领域，相比O2O、互联网家装、全屋定制、智能家居、整装，这几年最热且融合度最高的词应该是"合伙人"了，有"创业合伙人""城市合伙人""超级合伙人""用户合伙人""情怀合伙人"等，令人眼花缭乱。

不过万变不离其宗，本质就是企业自身资源不够，但又要快速增长，提升规模效应，于是有了各种合伙人模式，在城市扩张领域结合了直营和加盟的优势，取长补短。

现在家装互联网化的城市扩张模式主要分为两种：合伙人或直营。不管是平台模式，还是垂直模式，抑或平台加垂直的模式，在城市市场拓展时，花样很多，玩法各异。

在城市扩张时，要么是将总部的老将派到每个城市去，带着经验、资源和工具开疆拓土；要么在当地市场找最优秀的一批行业精英，一起合伙来做事情。

那么问题来了，到底是直营模式有优势，还是合伙人模式更厉害，当然这不是非此即彼的问题，需要客观分析，适合自己的才是最好的，但无论怎样，还是看团队基因，比拼的是团队执行力及创始人的格局和视野。

合伙人组织应具备四个条件

找什么样的合伙人

找什么样的合伙人决定了家装互联网化城市扩张的成败。尤其是家装这种重服务、重运营、高客单、周期长的产品，团队的执行力起了关键作用。

想起一个故事。

某一天，儿子不解地问老爸："西游记中，孙悟空能大闹天宫都没事，为啥取经路上，老是打不过，还经常要神仙来降妖？"

老爸深吸一口烟说："等你工作了就明白了。大闹天宫时，孙悟空碰到的都是给玉帝打工的，出力但不玩命；西天取经时，孙悟空碰到的都是自己出来创业的……个个都玩命！"

只有把事情看成自己的，去玩命地做，才能有最大的收获。

首先，合伙人第一要具备的是创业的心态。我创业以前，就算上班也是怀着创业的心态，经常是公司最晚走的一个，就算本职工作干完了，还可以学习写东西。同事经常开玩笑说，你不早些回家，总浪费公司电。2009 年，我在某公司做策划总监，总喜欢晚上最后一个走，本来行政的王师傅是最后锁门的人，后来也被我熬得受不了提前走了，走之前，把钥匙给我放到走廊第一个花坛里。此时，老板和团队会对你充分信任！

美国打车应用开发商 Uber 短短几年在全球范围内覆盖了 70 多个国家的 400 余座城市，并已经进入中国大陆 60 余座城市，在中国遍地开花靠的就是只找城市合伙人，而非职业经理人。何谓"城市合伙人"？ Uber 上海区负责人说："总部就像一个风险投资基金公司一样，选中了当地合适的老板，就进行招募。如果面试合格，就投一笔钱给他，让他去花。"

Uber 的城市扩张模式也被家装互联网化借鉴，爱空间、积木家、橙家、金螳螂家等都在不同程度学习。Uber 的合伙人模式为什么适合于家装互联网化的企业呢？原因有二：一是家装的地域性特征非常明显，再标准的家装产品仍需要当地资源配合落地才行，包括合适的展厅、施工资源，了解当地的家装用户消费习惯等；二是家装互联网化产品的低毛利，就淘汰了一批想赚快钱的传统家装从业者。

爱空间从两类人群当中选择合伙人。

第一类，在当地拥有丰富社会资源的法人，即占据地利。拥有展厅或丰富的地产开发资源，拥有丰富的客户资源、丰富的社会背景资源，能够与地方性政府或协会很好地沟通。这种类型被陈炜称作"社会资源型合伙人"。

第二类，就是具有良好的学习能力，善于操盘团队，并拥有当地丰富的施工资源的人。对于此类合伙人，需要在装修公司做过总经理，并且在抛弃旧有经验、学习爱空间全新互联网模式的过程中，能够很快适应。

其次，得有团队精神。要形成"这是我们的船"的理念，公司就是一条船，你就是这条船上的一名船员。船乘风破浪，还是触礁搁浅都和你有直接关系。"我们"既然要走到一起，就要产生 1＋1 大于 2 的战斗力，还要走得远。当然除了共同目标，还得有共同的语言和游戏规则。

最后，还得有一丝情怀，毕竟梦想总得有吧，万一实现了呢？

正如《星际穿越》里的一句台词：不管现在的时代有什么缺点，他确实是每天都有新的事物和概念出现，每天都像过圣诞节，人很贪婪，但是也很勇敢，面对浩瀚的宇宙，没有心里的爱和勇敢，我们就真的太渺小了。

总之，**一定不是因为哥们义气走到了一起，而是因为共同的价值观和一样的思考问题的方式而凝成一股绳走下去。**

■ 合伙人模式：找到合适的创客者

合伙人模式的六个优势

合伙人模式是家装互联网化公司最常见的城市扩张模式，毕竟这是分享经济时代，优势也不言自明。

1. 速度快、成本低

可复制性强，快速跑马圈地，抢占市场份额。直营相对难度太大，要人、要物、要管理，大公司经过沉淀才有资格做直营。

2. 良好的现金流

市场开拓前期成本低，一定程度可回笼资金（加盟费或质保金）充实现金流。

3. 分摊市场风险

市场风险与合伙人团队共担。以阿姨帮为例，城市合伙人要交入伙费、品牌保证金（可退）、每年的平台管理费用（可退）、资源（团队、资金），公司输出标准化流程（管理、产品），双方建立关系后，共同经营品牌，公司与合伙人按协议进行收益分红。这样既不会把合伙人推到自负盈亏的极端，也不会让合伙人赚得越多，被"剥削"得越多。

4. 整合优质资源

如果公司有实力，可以吸引市场上优质的资源，如合伙人、设计师、供应链及工程人员等，人总喜欢和强者在一起，就像狼不会与猪共舞一样。

5. 解决创业需求

对资源被整合方来说，个体的创业成功率很低，如果能搭上一艘船，会走得更远，但要看眼光。一些小装饰公司或工作室还是走着大装饰公司的路，但没有大装饰公司的资源整合能力和精细化的管理系统。大装饰公司一个ERP就得好几百万，而小装饰公司还在为订单发愁。

6. 吸引资本进入

做大数据和规模，提高在资本市场的估值，再吸引更大资本进入。

好的合伙人模式，可以借助多方资源迅速完成布局并分散风险，到一定量就能吸引大资金进入。风险小的生意也能通过资本运营起来，因为这个平台有现金流，平台不盈利，资本市场获利也是好的。

合伙人模式的这些挑战要警惕

对于以性价比为卖点的单品家装互联网化公司，合伙人模式的弊端较为明显。另外得预留足够的利润够分配，才能长久。

1. 过低毛利的风险

产品性价比高导致利润空间低，甚至无利润，合伙人变成服务商或劳务方，这种性质的合伙人可能不长久，因为没有较高的回报给到合伙人。

2. 单品模式的挑战

单品模式导致合伙人可发挥的空间太少，想利用主体品牌去经营其他利益的可能性小或者完全与主体分离，滥利用品牌，对主体公司伤害大。

3. 持续利益的支撑

持续的获客和盈利，赚钱后，合伙人才会考虑服务和口碑。大部分的合伙人还是追求眼前利益的，或者是近期利益，持续不赚钱谁也受不了，最后可能还得散伙。而一旦赚钱，无形中增加中间环节，提高了服务成本。

4. 传统思维的束缚

整合的这些合伙人多是做传统装修出身，潜移默化中已经形成了各种不良习惯。如与北京某家装互联网化公司合作的工长，说好的含水电没增项，但工长偏偏通过水电给公司多赚了三四千，高高兴兴给公司报喜，结果挨批了。人一旦形成某种习惯，很难改变，尤其是和钱挂钩的，只能通过强大的机制去制约。

实际上，不少合伙人方式就像承包制分公司模式，与合伙人利益绑定，风险共担，这种拓展进度是很快的。

不过也有个别的合伙人模式的实际风险承担人是合伙人，就像以前中外合资企业的玩法，风险实际承担方是中方，外方以技术或者管理模式等虚拟资本占股。这是一种高明的布局模式，当然做成了双方都会受益。

■ 直营模式：重运营、重服务的发展路径

其实，任何模式都在于利益的重新分配，家装互联网化试图重构产业利益链。

直营模式的五个优势

1. 降低产品成本

如砍掉中间商的利益分配环节，减少冗余的费用开支，一定程度降低用户成本。

2. 容易控制过程

总部的体系化建设和要求在执行上没有阻力，在施工管控等落地服务上更容易控制，口碑和服务更好得到推行。周黑鸭一开始也做过加盟，创始人周鹏收了20多万加盟费，后来发现管不住加盟商，以次充好，这些账都算到了"周黑鸭"品牌的头上。他不得不把店收回来，还多花了30多万，现在已有七八百家直营店。

3. 步调一致向前冲

很好理解，公司要求做的，必须做到，在发展中最大化形成合力。而合伙人模式一旦有人有其他想法，政令不一，容易造成内耗。想起火热一时的《芈月

传》，秦始皇统一中国后实行了郡县制，形成了中央垂直管理地方的行政体系，使得统一文字、统一度量衡、修筑驰道等政令很好执行。而周王朝的分封制，因诸侯有较大的独立性出现了后来的春秋争霸。

4. 死扛硬扛往前走

如果公司有信心的话，市场投入期时间会持久些，市场也会打深做透，有可能走到最后，收获果实。"哪懂什么坚强，全靠死撑"，这是真实现状。

5. 持续发展后劲足

由于体系、过程等都是可控的，前期起来慢，但一旦从 0 到 1 后，从 1 到 10 会跑得更稳健些。

直营模式面临这些挑战

1. 前期投入大

运营成本高，稳妥起见，一次不要开拓太多城市，相对慢些。

2. 资金链压力大

对资金链和现金流的考验更大，市场开发的投入都得自己担着，但如果市场开拓稳健，总部和新启动的城市单量不错，现金流是可以支撑的。

3. 找合适的人难

分公司总经理得找到合适的人选，必须知根知底，一条心，实际上这相对于找合伙人更难。因为这个人得具备想干且有能力干这件事两个要素，而合伙人本身就已付出了某些东西，比如钱或转型的选择，找来的这个人前期角色也只是一个职业经理人。

■ 城市扩张，到底直营还是合伙人制？

这几年，我几乎走访及调研了所有知名的家装互联网化公司，他们也经常会问我看好哪种发展模式，家装市场很大工作效率而极为低效，人人可以参与而体检感极差，如此奇特的行业，在国内可能没有第二个了。

也正是由于行业的特殊性，使得各种模式都有存在的价值，5～10 年，这些模式只要不是坑蒙拐骗，如果能一直存在，就有更多机会。

而合伙人和直营,两者都面临许多共同问题,必须去解决,同时相互之间也是可以转换的。

一是解决人的问题。不管是合伙人模式还是直营模式,参与人员一定得志向一致,相互信任和认可,但这需要时间积累和磨合,否则单纯依靠利益聚一起,散起来也快。对于家装而言,即使跑得快,但也要稳一些,可控一些。

二是标准和文化的输出。各种工作流程、管理规范、施工标准、供应链标准等输出的同时,也要强化专业培训、考试和执行,以及 EPR、营销、内容、工具等支持。此外,还有企业文化的输出,如果只是做业务,到最后没有凝聚力,成不了大公司。

三是效率的提升和成本的降低。创造价值是创造什么?就是降低中间成本,提高边际效益,通过运营效率的提升、产品服务成本的降低、用户体验的改善去创造价值。家装互联网化认知的改善、规模化都与效率提升密不可分,不仅是运营效率,还有品牌效率、资金效率和行业效率,这些是直营模式和合伙人模式都要去考虑的。

四是直营模式更容易试错和打基础。采用合伙人模式的公司若还没有成熟的商业模式和各项标准规范,则需要一定的试错和调整空间,通过实地的执行力、市场响应力,品牌的连贯性与政策的统一性最大化地试错、总结和提炼。当然如果你的公司品牌优势明显,又有流量保障,也可以采用合伙人模式,但风险是存在的。

五是合伙人模式一定要输出价值。这个价值指的是货真价实的价值,比如强大的品牌效应、巨大的流量、高效的供应链整合等,否则你给合伙人带去什么?

六是直营模式最后也会成为合伙人制。传统装修公司扩张时,一般是派人参加各种行业活动,先认识一批人,再在全国或各大城市开招商大会,通过各个环节设计层层筛选出加盟商或代理商,结果是谁出价高谁得。这种关系完全是利益驱动的,没利了就散伙。所以,要想走得远,迟早得成为利益共同体,这也是合伙人制度的优势。

前期直营模式的分公司总经理是职业经理人的角色,或是有承诺有言在先,一旦双方磨合到了一起,彼此也很认同各自的价值观,最终会约定一种股份占比形式成为合伙人，将人的试错风险降到最低。这是用相对的"慢"换"稳"，前期的"慢"可能成了后面"快"。

成立于 2009 年的深圳好易家装饰针对本地市场都是直营，外省店面是加盟。后来日渐成熟，本地店面改为合伙人模式，总部控股，与合伙人风险共担、利益共享，外省五个店获得总部投资后也成了合伙人模式。深圳区域和外省店面年产值各有 1 亿，合理的利益分配和共创、共享机制让大家干得都比较舒心。

总之，不管是合伙人还是直营，都要建立内在的推动力，并在扩张路上将标准化、产品化、信息化、高性价比的家装互联网化从施工质量、落地服务、用户体验等方面充分贯彻到分公司，让用户能真正感知到靠谱的产品和更优质的服务，否则和传统装修又有什么本质区别？

■城市扩张，核心是要解决什么问题

对比几家城市合伙人模式会发现：爱空间是做大店，集团军化作战，服务全城；积木家是先做直营，快速试错、容错及调整，然后采用"类直营"合伙人制，输出各种成熟的标准；速美超级家是整合家装领域的中小型创业者，给装修用户提供社区体验服务，之后开始直营。

但不管怎么合作，产品必须得盈利，这是保证总部正常运转的基础，也是城市扩张的前提，投入期不一定盈利，但一定得具备持续盈利的能力。

还有后端要输出价值，比如品牌、营销势能、供应链和流量等。其实，采用合伙人模式的这几家，都输出了一个相对的核心优势，去带动其他板块一起发展。

怎么找核心优势？**要么是来自供应类产品，如流量、供应链、产业工人等；要么是来自服务类产品，如技术、信息化、管理经营赋能等；要么是来自供应类产品＋服务类产品。每个都不是很好，但加起来综合能力比较强。**

当然，一个城市的资源集中在一个合伙人身上，风险也很大。这是用一种太确定的方式来面对一个不确定的发展过程。

所以一定要找最牛的合伙人，不过，把分公司经营得那么大，这些合伙人以前也没遇到过，过程的复杂和煎熬肯定会有人适应不了，会提前退出的。

另外，现在很多合伙人模式只是停留在营销层面，比如一起拉单，提供介绍咨询等初级服务。其实，互联网与家装的结合产物不是获取用户的主要渠道以及信息扁平化的体现，也不是一味的价格更低，而是如何提供给用户可感知到的真正更靠谱、更优质的服务。

随着人们越来越重视健康饮水，以及市场日趋成熟和成本下降，不锈钢管道在家装领域的市场越来越大。举个这方面的案例，看看以下公司怎么找优势及如何分销。

新三板挂牌公司成都共同管业集团始终专注于不锈钢管道钢塑复合管的研发和推广应用，自主研发了"环压连接技术"，共荣获53项专利证书，并先后参与编制了28项相关管道标准，目前《不锈钢环压试管件》(GB/T 33926—2017)，就是由成都共同管业集团作为主起草单位完成的，已经作为不锈钢管道行业的国家标准被广泛使用。

品牌上，成都共同管业集团主打中高端市场，同时代理了一款德国高端品牌"AITEAVEA埃特韦亚"，双品牌运作，服务不同客群，满足差异化需求。

产品上，成都共同管业集团生产的医用级316L不锈钢水管，耐腐蚀性是普通304不锈钢的5倍，以专利技术实现产品高等级品质。

安装上，成都共同管业集团解决了制约这个行业发展的最大问题——安装麻烦。推出专门针对家装行业的插合自锁式不锈钢管道产品，彻底解决了安装工具问题，一插永固，这一产品获得了国家发明专利。

用户服务上，树立服务理念和服务规范。主要的安装服务由水电工完成，工人只装过PPR，没有装过不锈钢管，怎样消解担忧？成都共同管业集团给每家每户都送产品质量险，一旦漏水了，即使楼下淹了也赔付，让水电工放心、代理商放心、业主也放心。

分销上，作为从美的空调走出来的成都共同管业集团副总朱元杰，深知分销的重大意义，借鉴美的深度分销模式，帮助经销商建立通路。如红蚂蚁装饰、中博装饰签订下来后转给当地代理商。抢位而不占位，服务到位而不越位，让利给代理商，并给代理商设计一套BIM，在线生成管路图，需要多少个三通、弯头和直接一清二楚，直接开槽就行。只要用户会开槽，自己都能安装。

家装互联网化一开始就树立了透明化、标准化、规模化的大旗，但更重要的是在城市扩张过程中如何贯彻，并平衡业务覆盖范围与服务质量。如果不能伴随着有效的管理，势必会在总部以外地区降低服务的水平以及用户体验。毕竟，合伙人的本质还是共享经济，得解决末端的落地服务，提升服务效率和服务体验。

家装没有什么核心技术壁垒，谁的效率提升了，且能跑得更快，谁最终就可以赢。就像外婆家餐馆一样，菜好、环境好、服务好、还低价，而模仿它的餐馆基本很难活下来，因为他们只模仿了菜好、环境好、服务好和低价，但没学到人家内部的成本优化体系。

如果能探索和积累一些好的系统工作方法，让总部后端支持部门人数最大化减少，找最合适的优秀人才，提高人效，不断进行内部成本优化，那么会走得很远。

■ 做透区域还是开遍全国

没有密度就没有效率，没有效率就没有规模

我曾与生活家董事长白杰探讨"**为什么区域性装修企业要比全国性装修企业更容易建立优势？**"

因为对于装修企业而言，如果大规模高效获客、供应链的可复制性以及交付品质的稳定性没有解决，当这一切又都建立在分公司负责人的个人能力上，在宏观环境不好及市场下行的情况下，亏损就是大概率的事件。而区域公司在获客、供应链建设方面有密度优势，如果交付再稳健一些，很容易突围而出。

规模和效率的关系，不是所有企业和行业，规模都能带来效率。因为铺开了，效率就下来了，只有构建起一定的密度，才能产生效率，才能降低物流等成本，才有可能有好的口碑，进而降低获客成本。

橙家 CEO 王睿离职后，朱石友开始推行"调试战略"，其中一点就是区域聚焦，从渠道全国遍地开花转向聚焦特定区域——珠三角和长三角区域，因为不同区域的客户有差异，又是标准化套餐，不放开 SKU 的选择影响销量和用户体验，放开选择影响效率。

其实，之前全国性的装修企业都经历过遍地开花的城市布局，后又关店调整，形成自己的重点区域。家装互联网化也是一样，在布局过程中，快速找准重点区域，提高店面密度和整体的区域影响力，降低供应链成本。

没有效率的规模等于慢性自杀，没有规模的效率没有意义。积木家通过夫妻店的效率和 711 的规模实现降本增效。他们的四级规模很有借鉴意义。

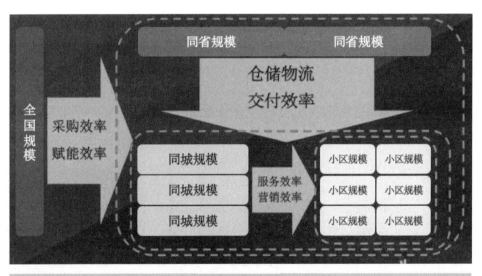

四级规模效率体系

1. 通过小区规模，把交付效率和获客效率最大化

深耕小区，做好服务，赢得用户口碑，减少单次上门服务成本，提升综合服务效率。

2. 通过同城规模，把服务效率和营销效率最大化

形成全城最有影响力的装修品牌，促进用户的指向性购买，降低营销成本。

3. 通过同省规模，把交付和仓储物流效率最大化

优化配送运输网络和交付管理体系，降低运输与人工成本。

4. 通过全国规模，把采购效率和赋能效率最大化

提升材料议价能力和赋能端的研发能力，降低采购成本。

积木家通过四级规模体系优化经营效率，把节省的钱通过优势的价格还给用户。这四级规模也可以用点（小区）、线（城市）、面（省域）、体（全国）来理解。

不管是做透区域市场，还是拓展全国市场，都得有密度，没有密度就没有效率；没有密度，所谓的规模经不起市场的考验。

当然，没有密度，也没有规模，就更别谈效率了。先有规模和密度，才有相应的效率。

当区域的单量下滑时，或者门店淘汰率过快时，是抓紧扩充门店（加盟或合伙），还是提高单个门店的经营能力？这是要思考的问题。就算是加盟，门店扩张很轻，如果单个门店的营收很弱，总在死亡线上游离那是很危险的。

全国性扩张的红利期已过

伴随着房地产周期红利和流量红利成长起来的全国性装修企业收割了高额利润，即使走弯路，由于市场好、挣得多，试错成本低很多。

而家装互联网化公司没有赶上红利期，还没成长起来，红利就没了。**"互联网＋"只能算是行业信息化发展的红利，对装修企业而言，相比之前的地产红利和流量红利来说都算不上红利。我和白杰共同的观点是如果爱空间早五年或十年出来，可能会是中国规模最大、最有价值的家装公司。**当然那时客户对标准化产品的接受度有多高是未知的，这主要是从发展机会来看。

这也说明了，通过现有模式去全国扩张很难形成高密度的全国规模，也就是不会有效率，最好的时机已经过去了。

直营模式的大量扩张基本不可能了，投入很高，也缺高水平的操盘手。水平好的，自己干了；水平差的，你也看不上。体系内培养很慢，数量也不够。加盟模式前期热闹，就算营销蜂拥而至，不成熟的产品和服务体系使得后期退出也快。

■找什么样的赋能平台入伙

当然对于创业者来说，找到一家负责任、有价值、能共赢、可赋能的家装互联网化平台也很关键，比如获客、供应链、服务能力、落地管控等，能得到具体的资源补充。可以从以下几个方面来看。

一是平台能遵守规则，起码得有信誉保障。这是最基本的，承诺过的就要做到，好比做生意，最看重合作伙伴的诚信一样。

二是产品是能盈利的，让合伙人有利可图。有一款好产品，且有一套成熟的运营方法，可复制性和交付能力强，最重要的是有一定的利润空间。怎么做呢？

(1)"线上、线下"两条腿走路。既要有单子，提升前端签单的效率；也要苦练内功，积累线下的施工经验。

(2)产品体系要完善。满足不同的消费群体，升级标准化套餐。除去全包套餐，还有建材包、家具包、拆旧包等，甚至智能包，满足消费者的个性化需求。两者要平衡，当然得有一个主打的标准化产品。

(3)充实供应链体系。打造中转仓、F2C的总对总合作模式，但也是基于城市单量和区域辐射的密集度决定的，没有量的供应链是纸老虎。

(4)技术应用的保障。如果这家公司没有技术的驱动，一定不是家装互联网化。VR体验、APP网上监理、ERP系统等几乎成了标配。

三是后端是有保障的，让合伙人安心奋战。总部能支撑起来品牌、技术、产品研发、供应链、工程标准等关键点，且要有一个突出的核心优势，即之前提到的构建自己的"护城河"。

如积木家为赋能加盟商，依托于自身的技术研发能力、产品研发能力，打造了一套"(S＋B)2C"的业务扩张模式(S端：总部后台；B端：门店端；C端：用户端)，提供品牌运营、经营管理、营销获客、材料供应、技术系统以及人才技能输出。门店端提供销售转化，设计服务、施工交付的用户服务落地，前后台一起为C端用户提供完整的交付服务。随着规模的不断扩张，使得后端的研发能力更强、更专业，吸纳到行业最优秀的人才资源；同时门店，更加敏捷高效，可复制性更强，实现门店的快速扩张和复制；最终带动了用户规模的不断增长，形成一个良性循环。

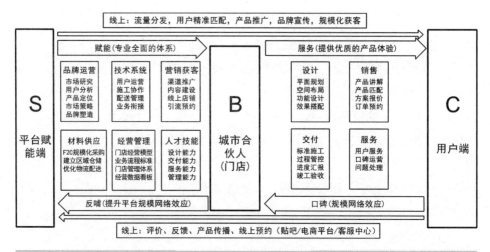

线上: 流量分发, 用户精准匹配, 产品推广, 品牌宣传, 规模化获客

赋能 (专业全面的体系)				服务 (提供优质的产品体验)	

| **品牌运营**
市场研究
用户分析
产品定位
市场策略
品牌塑造 | **技术系统**
用户运营
施工协作
配送管理
业务衔接 | **营销获客**
渠道推广
内容建设
线上店铺
引流预约 | | **设计**
平面规划
空间布局
功能设计
效果搭配 | **销售**
产品讲解
产品匹配
方案报价
订单预约 |
| **材料供应**
F2C规模化采购
建立区域仓储
优化物流配送 | **经营管理**
门店经营模型
业务流程标准
门店管理体系
经营数据看板 | **人才技能**
设计能力
交付能力
服务能力
管理能力 | | **交付**
标准施工
过程管控
进度汇报
竣工验收 | **服务**
用户服务
口碑运营
问题处理 |

S 平台赋能端

B 城市合伙人 (门店)

C 用户端

反哺 (提升平台规模网络效应)	口碑 (规模网络效应)

线上: 评价、反馈、产品传播、线上预约 (贴吧/电商平台/客服中心)

"(S + B)2C" 的业务扩张模式

再进一步讲，双方就是休戚与共的，不分你我利益，而是追求共同利益最大化。在《零售的本质》一书中讲到 7-11 总部会给每个加盟的小店赋能。如 7-11 总部与加盟店签订的合约中，有一个特别的承诺条款，假如你加盟了之后，收入没增加，反而还比平均标准低，总部就会把减少的这部分差额补给你。即，如果总部工作没做好，加盟店业绩下降了，必须自己承担后果。这样一来，总部就把自己的生意和每个加盟店绑到了一起。加盟店业绩的好坏，关系到总部的兴衰。这点倒是很值得家装互联网化借鉴。

四是企业的各项标准输出相对成熟，而不是让加盟商充当小白鼠。这点尤为关键，企业必须得自己先成熟再去复制。

欧工软装是以设计为驱动的一站式 S2b 软装供应链平台，整合了家具、灯具、窗帘、饰品、花艺、挂画、智能家居、定制家居等，通过技术、工具赋能中小型装修企业、家居门店以提供整体家居解决方案服务，由他们做好本地化服务，以"店+"模式落地，相对于以往的开店模式更轻，中小 B 端不用开新店，通过一城一店的共享展厅和 S2b 平台，线上线下解决消费者的体验和成交问题。

B 端用户借助欧工软装整合的资源能进行存量转化、挖掘增量市场：单品类家居店能提供整体软装服务，扩大目标消费群体；传统装修企业能实现硬装到整装的服务升级。另外，欧工软装作为 S2b 平台提供的信息化工具，能帮助 B 端用户实现从采购到设计，到营销，再到管理全过程的信息化、数据化处理，提升整体效率。

欧工软装现在的模式和产品也是多次走弯路后花钱买教训得来的，经过近 3 年打磨已相对成熟。创始人兼董事长欧杰挖来原阿里巴巴中供铁军、美团网华南负责人、百布网联合创始人兼 COO 梁荣出任欧工软装 CEO，并聚拢了一帮大牛级的核心团队，其中有顾家系、全友系等供应链高管，前阿里巴巴、美团、百度、顺丰、携程系等一批高管及中高管人才，已成为业内专业的"产业＋互联网"团队。

五是得有资源整合能力和产业链的支持。家装服务本身就是在整合资源，能否给用户提供优势的服务，关键在于资源整合的有效性和可控性。单就家装互联网化来说，实力如何，从合作伙伴的质量和合作程度就能窥见一斑。

此前三维家、科创量房神器、智装天下以及靓家居，这四家刚好覆盖了家装消费前后端的整条链条，于是联手创立了家居产业互联网技术驱动联盟（HITD），意欲打通家装产业服务全链条，从量房到设计，到服务管理和最后的交付，实现一体化作业。

以及斑马仓与天猫装修达成战略合作，双方在粉丝经济、大数据分析、新零售、加强线上线下品牌黏合度等方面探索合作方式。斑马仓将从天猫流量获取、装修品质保障、资金交易安全、品牌输出、商家专业能力提升五个方面赋能各地运营中心。效果如何？关键看是否落地。

以上五点是家装创业者找一家合适的平台合作的必要条件，仅供参考。

■ 家装互联网化的主战场在三、四、五线城市

撕一线，守二线，攻三、四、五线

现阶段，城市扩张的主要特征为：一线城市混战，二线城市争抢（起步于二线城市的家装互联网化在大本营已深耕），三、四、五线城市积极布点。

一线城市的家装市场竞争激烈，既有老牌家装公司死守，也有新兴的家装互

联网化公司厮杀，成了公司形象及品牌高地，竞争压力大。二线城市目前是家装互联网化的主战场，杭州、西安、成都、武汉、苏州、郑州等地竞争尤为激烈，主要争夺 10 万元以内客单的用户。三、四、五线城市将会是家装互联网化很重要的盈利点，市场开发的潜力大。

这两年在不少家装互联网化公司的城市拓展中，已经规划到了三、四、五线城市。而市场下沉，将是这些家装互联网化公司的重要利润来源，当地公司会面临严峻的竞争形势。

某年年底，出差路上我碰到山西某传统装修公司的设计师，说来也巧，她还是我的大学学妹。他们在霍州市不到两个月的时间里，15 人团队做到 400 万，硬装客单做到 7 万多元，如果含水电、电视背景墙、吊顶的话，平均客单 8.4 万元，毛利率 40% 以上。设计师说，如果按每平方米 599 元的套餐配置，他们得每平方米收费 800 多才能拿下。

此外，家装互联网化在三、四、五线市场还有两个优势。

一是品牌认知的机会多。多数三、四、五线城市的消费者，对品牌和品质的选择标准认知不清晰，希望买到性价比更高的产品和服务，而当地市场家装服务的性价比往往偏低，这也是市场竞争不充分的原因，对很多不具有全国知名度的家装互联网化公司来说还有机会。

二是价格不是唯一，消费观念在改变。以前，三、四、五线城市的消费者对价格比较敏感，但随着生活品质的提升，以及移动电商和智能手机的影响，很多消费者也会追求性价比和品质，他们知道选择什么品牌会影响他人对自己的评价，这使得他们对品牌和消费体验有了更高的要求和期待。

主战场在三、四、五线城市

首先，用户的痛点需要解决。其实，三、四、五线城市用户的装修痛点主要还是用户不专业，不懂如何装修，导致选择混乱，耗时耗力难省心。就算家居建材企业渠道下沉了，用户的这些问题还是不能解决。

其次，三、四、五线"新贵"崛起，购房回流。随着三、四、五线城市经济的快速发展，消费能力逐渐增强，市场潜力也得以凸显，成长起来的"新贵"群体在审美及装修需求方面也比较挑剔，特别是 80 后、90 后，由于房价低、生存压力小，其消费需求旺盛，对家装产品、品牌要求更高。而且有一个突出现象：在一线城市工作的年轻人由于当地房价太贵，而转移到家乡所在地的二、三、四、五线城市买房。这群人消费的痛点更明确、更典型，是家装互联网化的精准用户群。

再次，竞争小，塔基市场潜力大。相对于一、二线城市，三、四、五线城市不用太多关注竞争对手，家装互联网化可以快速抢占市场。另外，这些市场的传统装修公司的营销和服务理念相对落后，但毛利率高，可以为用户争取更大的价值。最为重要的是中国有众多地级市，含县级市就有更多，塔基市场的潜力无限。

最后，三、四、五线城市的"互联网＋"市场逐渐成熟。之前大家不愿去三、四、五线城市，很大的原因是那里的基础设施、网络覆盖、市场培育不好，获取用户难，但随着这几年微信、新美大、携程等公司不断开拓三、四、五线城市，为全民服务，那里的用户普遍有了使用智能手机和 APP 的习惯，使之有了很大改变。家装互联网化就可以跟着这些巨头，快速地进入三、四、五线城市市场。

当然，渠道下沉后也会面临一些新问题，比如家装互联网化产品是否能适应所开发的三、四、五线城市，且那些市场的互联网意识没那么强，缺乏有互联网运营能力的家装人才，人才断层也会放缓渠道下沉速度，现在为了规避这个问题，基本是把后端支持放在总部。

另外政策的传导没有那么快，从一、二线城市下沉到三、四、五线，有时间窗口期，可以最大程度下沉。我们可以看到积木家、家装 e 站、齐家典尚等都在挺进三、四、五线城市，甚至进入了县城，相对于当地小型装修企业有一定的管理、产品和供应链优势。

面对复杂而充满变数的洗牌期，除了市场下沉，把握住三、四、五线城市的时间窗口期外，还要注意以下三点。

一是精耕细作 —— 精细化运营、数据化管理。

前面提到装修企业粗放管理，缺乏精细化运营和数据化管理的能力，这个短板得补上。最起码得清楚上门转化率、销售转化率、订单成本、延期率、回单率、NPS、费用率、毛利率、净利等基本经营数据。

一般是围绕全年目标，分解到月目标，从销售额到合同数，到订单数，到上门量，再到邀约量，层层分解各部门的数据指标，制定奖惩绩效机制。

二是稳中求进 —— 对于大多中小型装饰公司而言。没有十足的把握，绝对不要冒险。对于那些直营、参股或控股扩张的装修企业来说，要稳中求进。

三是持有自由现金流 —— 不到破釜沉舟时，须留抽身养家钱。不是现金流，而是除去维持利润要投入的额外的钱。

我走访过深圳一家年营收过亿的装修企业，老板1976年生，20多岁就干装修，那时活多钱好挣，挣了钱就买房，说现在有17套房产，固定资产上亿。他说，若当时只是滚动投入，估计现在在深圳都没钱换房子。

第13章　家装口碑的预期管理

获得家装的好口碑为什么这么难？

口碑积累的七个关键点

用户关注的要点和解决办法

NPS 如何实现口碑运营

用户的负面评价怎么处理

■ 获得家装的好口碑为什么这么难

《现代汉语词典》对成语"口碑载道"的解释是：形容群众到处都在称赞。原始出处见宋朝《五灯会元》卷十七："劝君不用镌顽石，路上行人口似碑"。"口碑载道"在后来逐渐被百姓口语化为"口碑相传"，就是在老百姓心里有很高的"认同感"。

这里的"口碑"(word of mouth) 源于传播学，由于被市场营销广泛的应用，所以有了"口碑营销"的概念。传统的"口碑营销"是指企业通过朋友、亲戚的相互交流将自己的产品信息或者品牌传播开来。

那么家装到底有口碑吗？有调查显示，在用户选择装修公司的主要依据中口碑的因素占据 77.68%。而用户对装修公司有无口碑只是比例多少的问题，主要原因是过程难以控制，变数太多。

一是本来关注度就高。这是由家装消费特征决定的，客单高、周期长，自住型用户满心欢喜抱着对新居的憧憬，不上心才怪，花了那么多钱，总得知道进度吧。甚至也有用户一天往返 30 千米去施工现场看一眼，只为安心。这也体现出业主和装修公司之间的不信任，有的业主还会雇佣第三方监理来监工。

二是一个没做好都可能前功尽弃。装修难就难在它是一个全流程的体验，了解、签单、设计、施工、材料、监理等每个大方面里又有很多细节，一个细节没做好都可能影响用户的体验，就算好不容易完成了99%，但1%出了问题，用户也很难因为你的辛苦而点赞。就算好说话，不抱怨，但想让转介绍就没戏了，那似是而非的体验意义就不大了。

三是尝试消费成本高。 在家装行业用户尝试消费的成本较高，一旦做不好、口碑差也会影响到身边的人，呈现出等比放大效应。因此一定要做好第一批尝试人群的服务，前端签单的细节以及落地服务、售后反馈都要重视。

四是家装行业无品牌。 品牌是用户选择装修公司的依据，用户发现装修服务及体验都很好，那么他就有信心相信其他人去找你装修，虽然服务及体验同样是好的，但是事实不是这样。

1. 知名度低

单就知名度而言，估计很多用户对装修没太多概念。一项数据显示，只有3.73%的消费者可以准确说出公司名称。

2. 认知度差

品牌是企业与用户发生的所有联系所建立的印象总和，是用户对产品或服务长期的"优势认知"的叠加。品牌认知就是品牌在用户心智中的形象。家装在用户心理是什么认知呢？可能就是增项、不爽、体验差、服务差等不良认知吧，无法长期建立优势认知！

这种优势认知就是承诺，是契约，是保障。让用户放心就是品牌带给装修用户最大的利益。

《哪吒之魔童降世》票房超过50亿元，位居国产电影票房榜第二

比如，一场陌生的电影要不要看，导演、主演就是判断的依据。如果这个电影上映第二部要不要看？看着凶巴巴的哪吒形象就是判断的依据，这就是品牌。

3. 不要提美誉度

家装目前难以产生规模效应，规模增大不一定就提高经济效应，有可能边际收益反而会减少，甚至为负。另外，随之而来的是服务质量下降，服务成本增加，拉低品牌美誉度，边际效应降低。

一直以来，传统装修公司几乎没有口碑、品牌可言，他们有的只是一定范围的知名度。而家装互联网化还在进化中，产品及服务品质不稳定还难以形成真正的品牌。

■ 口碑积累的七个关键点

管理用户预期，不要过度承诺

口碑的获得需要超越用户预期，需要管理用户预期，也可以说只要超过用户预期就能带来好口碑。

所以不能为了签单而过度承诺，有些是做不了或结果不可控的，就不要信誓旦旦地拍胸脯；能做到的也不要太多渲染，让过程和结果说话。

管理用户预期是需要策略的，如先给他看一般的效果使他觉得不错，等看到最终的效果时则会大呼更佳。

笔者某年春节报了携程的张家界凤凰古城五天四晚 VIP 无购物团，第一天先上黄石寨，再徒步金鞭溪，沿着 7 千米的峡谷一直走下来，宛转曲折，幽静异常，随山而移，穿行在峰峦幽谷间，已经让人陶醉了；而第二天去了杨家界、天子山、袁家界，惊叹世间还有如此美景，难怪当年吴冠中要写一篇《养在深闺人未识——失落的风景明珠》推荐给世人看。

导游说如果先看后面的，再看前面的黄石寨就没什么惊喜了，甚至可能都提不上兴趣。从美到更美这样的产品设计会让用户体验更佳。

另外，销售时也要注意策略，否则也可能造成不好的用户体验，如由于前期漏项导致后期增项不断。

想起一个故事，一个小孩到商店里买糖，总喜欢找同一个售货员。因为别的售货员都是先抓一大把，拿去称，再把多了的糖一颗一颗拿走。但那个比较可爱的售货员，则每次都抓得不足重量，然后再一颗一颗往上加。虽然最后拿到的糖，在数量上并没有什么差别，但小孩就是喜欢后者。

这个"卖糖学问"告诉我们：服务中同样的付出，仅仅因为方法不同，其效果是不一样的。装修也是如此，不断有惊喜，超出预期都会开心。

所见即所得，承诺就要做到

无论装修设计得高大上也好，还是为了用户买单而将家具和软装融合进来也罢，家具定制也是一样，如果和用户想象的有差距，那就糟糕了，用户会到处给你做"免费广告"，朋友圈、微博吐槽，论坛灌水互动，影响力大的推送首页，那滋味够用户投诉部和品牌公关部受得了。所以给用户的呈现要所见即所得，通过工程管理和产品监理为用户做好过程控制，另外要多考虑用户的使用场景，只有超出他的预期，才叫用户体验，才会放大口碑效益。

对装修用户来说，一站式解决所有装修烦恼是再好不过了，省得盲目选择，但几乎所有的装修用户都有这个消费痛点，所以一定要精准选择你的用户群体。另外就是供应链的整合，利润多少就取决于整合的强弱，一句"去除中介化"让操盘者如鲠在喉。

考虑清楚、沟通清楚很重要

很多增项或装修问题是沟通不到位造成的，最终导致用户投诉。

比如家装互联网化的整包套餐有的门不限樘数。多年前很多用户都会在防盗门内安装木门，现在很少见了，但有些城市还有这种情况。那用户就说了，你既然宣传说门不限樘数，那你给我入户门装一套木门。所以在网站宣传方面和合同里都要详细注明套餐内不含入户门，因为入户有防盗门，同时装两樘门会给用户日常生活带来不便。

装修时部分物业公司不让材料进电梯，或者有些砖混结构的房屋没有电梯，那么材料上楼就是一笔支出。如果没有和用户沟通清楚，这就成了增项，不收费的话，成本材料高，得自己承担，收费会让用户闹心。大部分公司都是超过两层后收取搬运费，两层（包括两层）内的搬运服务则由材料商提供。

所有这些看似都是小问题，但严重影响用户体验，务必得考虑清楚、沟通清楚，确保后期在施工过程中不产生问题。

效率和体验要平衡好

单纯为了用户口碑，一般在不考虑成本的情况下，体验肯定是可以做好的，但这不符合市场规律，这种商业模式也很难成立。**如何在提高效率的前提下，规模化解决用户体验问题才是要考虑的。**

刘强东曾以上门洗车O2O业务失败的案例说明，许多创业公司只顾用户体验，而不顾成本和效率的减损。刘强东说他当时就是这种O2O模式的怀疑派，因为他一直算不过账来。"比如上门洗车，三个人，骑个小三轮，到你家里去洗半天，洗完走了，三个人大概一天只能洗两三辆车。本来车主开到洗车的地方10～20块钱就洗完了。这样导致成本大幅度提升，效率大幅度下降。"这种模式虽然用户体验得到了提升，但却是建立在成本上升、效率下降的基础之上，这是不长久的，装修也是如此。

让用户倒逼管理，刺激公司成长

这一点一开始对公司很残酷，会让人有窒息的感觉，但被逼着优化产品、提升服务，总会好起来的。因为将用户口碑上升到战略层面后，公开、透明的用户反馈会促使员工做得更好，做不好，就走人。

比如早期爱空间的销售经理都会建立一个微信群，及时交流装修进展，群里包括业主、工人、项目经理、项目经理助理、设计师、监理等，甚至CEO陈炜也出现在里面，"如果有时间我也会在群里解答问题，群里也有用户抱怨的时候。比如有人说橱柜金属面粗糙，我们就要拉走重新做。"这样不仅能解决信息透明化的问题，还解决了实际问题。

还有一起装修网通过很多有效的服务保障提供给用户，一定程度上对管理是一种倒逼。

(1) 设立商家总质保金2000万，用于先行赔付。每年建材都有一百多万的赔付。

（2）网站承诺30分钟响应投诉，实现投诉解决率100%。

（3）网站承诺不删除任何一个网友的投诉帖。

（4）将总裁投诉热线告知每个业主微信群，并在每个工地粘贴到位，做得不到位的罚款50元/户，每接到一个投诉电话对负责人罚款200元。

（5）业主不满意见面会，每两周举办一次，CEO参与，面对面解决业主问题。

（6）用户评价决定设计师、工长和主材员30%的收入。

（7）业主监督团，业主自发组织的第三方公益组织，定期到工地监督和检查。

建立尽可能多的接触点

家装消费是低频的消费，但可以通过与用户的频繁互动提高沟通频率。比如优装美家利用赠送给用户的智能硬件——空气质量检测仪，在装修完成后继续与用户保持联系，而平台通过收集用户对智能硬件的操作数据，可以分析用户需求，有针对性地为其推送增值服务。

再比如举办些用户活动，如土巴兔装修学堂走近搜狐、金山、中华英才网等知名企业；有住网"装修大学"不放弃任何一个小白；积木家请用户吃水果，也有请用户看电影，参与运动、游戏，增强互动。

还有公司举办复旦校友团团购线下说明会以及亲子辣妈群，通过使用者形象为品牌加分，如果能在一个群体中形成好的品牌认知是非常有价值的。

而这些以意见领袖作为目标人群会形成一种策略：找有代表性的重点用户形成"内容力"，并以此为方向进行市场公关。

快速响应的售后处理机制

知者研究参与了两项售后调查。

（1）如何看待装修售后？62.60%的用户认为装修施工是手艺活儿，出现问题在所难免，但一定要及时解决；剩下的用户则希望保证工程质量，最好不要出现售后问题。

（2）售后过程中，用户最担心的是什么？49%的用户害怕问题踢皮球，得不到解决；36%的用户则担心不能彻底解决问题。

不难看出，用户比较理性，不怕出问题，关键是能快速解决问题。售后就好

比桥上的栏杆，不用时注意不到，用时十万火急。

对传统装修而言，几乎没售后，即使有，也是无限拖延。事实上，家装也有保质期，目前主材售后是 2 年，隐蔽工程最多保修 5 年，而装修周期是 8 ~ 10 年。如何其他的时间出现问题谁来保修？这也是痛点。

家装互联网化企业不仅要解决用户的痛点，还要超过用户期望，才能带来好口碑。

曾让小米头疼的就是管理用户预期。**任何一个公司如果被过度营销之后，用户的期待值就会变得很高，再超越用户期待值的难度就提高了。**就像迪拜帆船酒店，号称全球最好的酒店，你去完以后也会失望的。

而当你去海底捞时，你很少看到海底捞的任何营销，又是在一个很大众的场所，旁边可能就是电影院，你的预期被降低了，结果一进去，剩下的都是超预期。

另外，有些公司不提用户口碑，也不提用户体验，而是提"用户信仰"，将用户口碑和体验上升到公司的信仰层面，虽然是概念，但思考问题的角度是不一样的。

■ 用户关注的要点和解决办法

用户对服务的要求、不满和担心

总的来说，有三条：一是承诺的工期能否实现，不管是 45 天还是 40 天；二是承诺的体验落实能否到位，比如节点验收照片；三是家装互联网化的透明化、标准化能否做到，如验收标准是否在验收前让用户知晓了，套餐产品包含的规格尺寸是否描述详细，使用的条件是否明确，二期款缴纳后，安装进度有没有及时在群内汇报等。

解决办法：好态度＋能解决

以某公司为例简单说明如下。

(1) 针对工期，客服前置对节点做监控，改变监控滞后的问题。

(2) 客服强化跟用户的关系，以微信群为主渠道，监控服务体验，比如拍照是否符合标准，对不符合标准的提出整改要求。如此强化跟用户的关系后，用户才愿意向客服反馈问题。

(3) 客服参与对不符合标准的内容在群里直接要求整改。若是用户直接反馈给公司，公司再要求项目经理整改，用户可能会害怕遭受到不公平的对待。

很多用户签合同前事儿多，但一旦签了，更多是包容，不想去得罪工长或项目经理。而通过客服渠道发现并及时处理问题可以给用户提供一条最佳的反馈处理问题的渠道。

用户这种复杂的心情是可以理解的，发现问题告诉工长，基本立刻就会改，没有二话。抬手不打笑脸人，如此沟通还是挺和谐的。

用户的装修体验，没有最好，只有更好，一切的付出，都需要用心和真诚。

想起陈丹青谈民国教育时说："那时小学、中学、大学的老师比现在的老师更爱教育、更无私、更单纯"。这也是民国大师辈出的一个原因。

■ NPS 如何实现口碑运营

前面提到判断是不是家装互联网化的标准之一就是 NPS(净推荐值) ≥ 50%。怎么计算？请参阅本书第四章节，也可看下图。

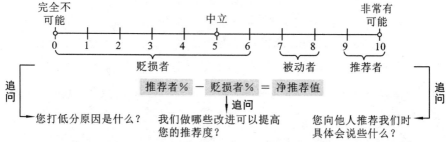

"您有多大可能性将××公司/××产品/××服务推荐给你的亲朋好友"

① 推荐者(9-10分)：是具有狂热忠诚度的人，他们会继续购买并引荐给其他人
② 被动者(7-8分)：总体满意但并不狂热，将会考虑其他竞争对手的产品
③ 贬损者(6分以下)：使用并不满意或者对该公司没有忠诚度

NPS 怎么计算出来的?

如果口碑做不好，会让营销成本越来越高。家装互联网化应该是海陆空立体获客，而口碑和回单占重要组成部分。

NPS能直观反映公司的用户口碑，它是对整个组织的服务做挑战，如果NPS小于30%，就要进行优化和提升。

(1) 先找出问题：NPS要结合问题数据、用户反馈、多方调查等进行分析，找出具体问题，并去推动服务提升口碑。

(2) 优化产品：产品得符合用户的期望，并控制毛利率在30%以内，太高性价比低，用户对产品不满意；太低了企业没钱赚，不可持续。

(3) 优化用户体验：先针对性做好NPS一件事情，站在用户的角度去考虑问题，要知道为什么做这件事，目标感要强，否则工作标准很低。

7-11创始人铃木的经营哲学是彻底站在顾客的立场上来想问题和做事情。比如，加盟店日常运营的电费，有八成是由总部承担的。这是为什么呢？因为晚上顾客少，加盟店为了省电会少开灯，这虽然看起来没问题，但如果店里面灯光很暗，顾客很可能就不会放心走进去了，所以省电的结果对顾客忠诚度是不利的，对于业绩也会有负面的影响。

再比如，类似盒饭这类商品，如果没卖完，造成了亏损，总部也会承担15%。因为如果加盟商担心盒饭卖不完，进货的时候就会少进盒饭，这样就会有缺货的可能。从顾客的立场来看，想买的东西买不到，对那家店就会有不好的印象，如果这种情况一直发生，就会损失顾客支持度和竞争优势。所以尽量避免缺货比任何事情都重要。坚持站在用户的立场考虑问题，是7-11持续发展的秘诀之一。

(4) 过程中动态管理：NPS如何反馈出用户对具体服务的满意状态，这是个动态场景。比如从一开始接触产品就统计NPS，过程中不断检测这个数据的变化，并给出相对应的解决方案。若按交底、瓦工、竣工三个节点回访时调查，可以明确出售前、施工、材料安装三个阶段的NPS。

比如用户因为售前的夸大销售而退订，并在网上发帖进行负面吐槽，那么当事分公司(门店)、当事人就要承担相应考核，并进行相关培训和说明。

(5) 建立工地管理评价体系：Uber司机的补贴是直接和评价挂钩的，如果评价低于4.7，司机一周就拿不到补贴，连续低于这个评分就不给分单了。家装互联网化要建立工地、工长、评分、收入等一体化信息系统，综合监理打分、工长自评、用户评价构成项目最终得分，成为优胜劣汰的标准和依据，与工费挂钩，并将回单也加入增减分项中。

(6) 专门部门运营：满意只是口碑推荐的基础，但并不代表用户就要去做口碑推荐这个动作，所以还得有专门部门去运营。

(7) 管理实行末尾淘汰制：NPS 和影响这一数值变化的所有岗位的绩效考核挂钩，不达标，实行末位淘汰。

最后一旦出现负面口碑，若是项目人员恶意行为导致，如没刷防水、偷工减料等，那就要严惩，像谷歌因为非法网络药店广告一事被罚款 5 亿美元一样，**重要的不是"不作恶"的口号，而是作恶后的天价罚金。**

■ 用户的负面评价怎么处理

很多时候，用户反映问题后，公司没有及时处理，或者拖拖拉拉，用户会觉得公司不重视，最后激化矛盾，用户通过社交渠道发负面信息抱怨。

那么家装互联网化公司面对这种情况怎么处理？

危机处理的流程

(1) 危机的确认与评估。一旦确认了危机，危机公关处理小组必须在最短的时间内对危机事件的发展趋势、对可能给企业带来的影响和后果、对企业能够和可以采取的应对措施以及对危机事件的处理方针、对人员及资源保障等重大事情作出初步的评估和决策。

(2) 危机诊断。危机诊断是企业根据危机的调查和评估，进而探寻危机发生的具体诱因的过程。在危急时刻，可调配的资源十分有限，企业需要通过危机诊断判断出危机产生的真正根源，对于不同程度的危机采取不同的处理，危机的诊断需要结合专业的舆情监测系统进行分析，弄清病因，然后对症下药。通常，导致企业危机的根源有外因和内因之分。

(3) 确认危机公关处理方案。方案的选定过程，以头脑风暴和决策树法较佳，因为这种逻辑判断法可以考虑到每一个行动方案及其后果。值得注意的是，即便在紧急情况下，前述的评估、诊断、辩论、方案选定等过程也不应该放弃，但时间可以尽量缩短。

(4) 组织集中力量，落实处理方案。在危机公关处理的过程中，企业如果能够遵循危机公关处理的一般原则，按照危机公关处理的方针措施步步为营，那么不仅可以使危机得到遏制、削减，企业甚至可以把危机看成一次发展的契机。

危机的防范及处理

家装互联网化的坏体验难以百分之百避免，必须针对可能出现的情况制定针对性的危机预案，注意以下几点。

(1) 防范风险于未然，注重事前控制，莫学"消防救火员"。尽快加大装修服务的售前与售中成本，因为出事补救不如提早预防。相比售后的高成本和不可控性，前置性的成本确实可以投入再高些。宁愿学做气象台的天气预报员，雨前备伞、临寒添棉，防患于未然，也不要做消防救火员重演"亡羊补牢"之事。

曾经日本一家企业对员工在一些工作流程上犯了以前从未遇到的新错误的处理方式是奖励而不是惩罚，目的就是让问题在不严重的时候发现并控制。

(2) 和当事人抓紧沟通，尽快去解决问题。

特普丽银河家墙纸始于 1976 年，是全国第一家生产经营墙纸的企业，也是2008 年奥运工程特约墙纸材料供应商，对客户投诉有自己的解决方案。

客户投诉主要分三个阶段：施工前期时间安排上的投诉，施工中期产品特性及服务的投诉，施工后期质量效果的投诉。前期时间预约投诉由专门负责派单的人员为客户解决订单施工时间协调问题；施工中期如果出现问题，由监理及时协调技术指导及服务监督；施工后期由专业的售后服务人员上门为客户鉴定质量标准，解决投诉。

(3) 应急之策，能沟通删掉评论更好，否则就刷评论顶下去，从用户、供应商、合作伙伴、媒体等不同角度进行评论，给留言者制造一定程度的舆论压力，他看到别人都客观评价，而自己得到这样的体验或许只是个例，不至于将事态扩大。当然这种处理方式是把双刃剑，前提是用户确实是以解决问题为出发点的。

(4) 要给用户惩罚你的机会，要重复博弈，让品牌有效。比如，你报了健身班，去了感觉挺好，下次再去感觉不好，就不去了，这叫品牌的重复博弈。对于一家企业来说，要想赢得客户的信任，就必须让品牌不断创造这种重复博弈，让消费者获得惩罚企业的机会。如果有了负面评价就删帖，就失去了被惩罚的机会。

其实，当你觉得业主太麻烦，甚至是没事找事时，逆向思考这个问题又是一番情景。把挑刺的用户提出的问题作为完善自己产品的考虑因素，越挑剔越好，如果极其难说话的用户都能让他满意，再服务普通用户，满意度就会更高。

原则上，装修用户口头上的吐槽、谩骂，甚至无理取闹和威胁等负面情绪宣泄都是可以接受的，只要不涉及尊严和过多的经济利益都可以作出退让。

第14章　科技驱动家装行业变革

家装行业亟待技术的推动

递进式的大家居信息化之路

量房神器：高效率精准量房

3D 云设计＋VR 体验提升签单效率

ERP 加速落地服务的连接效率

BIM 保障施工交付的稳定性

构筑全链路的信息化护城河

■ 家装行业亟待技术的推动

家装行业有很多痛点，都需要技术驱动变革，如以下几点。

(1) 量房数据不准：不仅不准，效率还低。

(2) 设计图不全：应标示的没标，漏项多，图纸不精准，之后改来改去。

(3) 算量算不准：专业能力不够或责任心不强，导致材料用量模棱两可。

(4) 报价误差大：报价、合同额、最终成交额都有差异。

(5) 数据来回导：CRM(客户关系管理系统)、家装 ERP 系统、施工管理 App 等数据都没打通，无法调用，还得重新输入影响效率。

(6) 材料不对应：下错单、派单不及时、沟通不到位都可能导致材料不能及时、准确到达工地。

(7) 施工总延期：不提家具软装，就硬装而言，定制品不能与工期配套协调好，都会导致延期。

(8) 工业化程度低：现场施工还是主要依赖于手工生产。

导致这些问题的主要原因就是量房的人工化太重，设计工具落后、复杂，报价捆绑过多增项，信息化工具没有或滞后……核心一点就是**信息化不足**，企业的

IT 资产为 0 或趋近于 0。

■ 递进式的大家居信息化之路

这几年大家居行业有几个热潮，如互联网家装、整装、定制家居和智能家居等生产组织模式大热。有一批人、概念、模式和工具等，如产业工人、3D 云设计、F2C、新零售、S2B 对行业产生了积极影响。

纵观这几年的行业变化，我们可以总结如下两点。

一是大家居行业的"收割市场"是从标准化到定制化、从轻到重、由前端到后端不断纵深发展，每一阶段都有一次产业机会的爆发，造就了不同的领先者。

我们将大家居按照不同的类型分为生产制造、流通销售、装饰装修和信息化建设四大块。

生产制造领域：当主辅材和家具家电告别物资短缺时代，由卖方市场进入买方市场后，竞争加剧，消费者开始关注品牌，最先成就了一批标准品的生产商，如圣象地板、东鹏瓷砖、箭牌卫浴等，到 2019 年一批定制家居企业扎堆上市，才算是修成正果。

流通销售领域：早年建材市场脏乱差，材料商只要有个门面，就不愁生意，那时做批发零售的都赚钱了。现在家居卖场越来越大，装修得富丽堂皇，商业地产式运营，租金加广告旱涝保收。大家居行业净利润最高的就是红星美凯龙。

装饰装修领域：从模式来看，市场最先成就了做建材家具团购的齐家网和做装修信息撮合的土巴兔，这些是轻运营的平台模式，然后才是垂直类的家装互联网化风起云涌；从产品来看，从清包、半包、全包到整装，客单价越来越高，工期越来越长，参与者越来越多，运营也越来越重。

信息化建设领域：大家居行业的信息化建设一直跟随整个信息化行业的发展，零散且不成体系地应用一些通用软件或系统，如 CRM、PM(项目管理)、SCM(供应链管理软件)、ERP、进销存管理软件、财务软件等。没有针对大家居行业特色开发独有的、能大规模化应用的软件。

早先的圆方软件具备这样的优势，但当时家居软件市场尚未成熟，教育成本很高，以及盗版横行。于是创始人李连柱利用软件技术优势在 2004 年成立了尚品宅配，让家具定制的生产和销售环节更为高效。

而当家居行业迫切需要专业的第三方信息化服务商时，又有了一批新的进入者。如果从盈利能力、客户占比、资本持续关注度和用户体验四个维度来看，酷家乐、三维家各有千秋。

二是大家居行业在发展中以提高生产和运营效率，降低产品及服务成本，改善装修用户的体验为核心，云设计工具率先爆发。

大家居行业是由前端到后端递进式发展的。以家装为例，**从最容易改造的前端获客、设计和签单，逐渐到最难的后端供应链、服务和施工交付。**所以我们看到最先大热的是云设计，10 秒生成效果图，5 分钟生成装修方案，一键转成 VR 方案，酷家乐智能云设计工具大大提高了设计师的出图效率和装修企业的签单效率。

装修企业面临的问题很多，但无论大小，大规模获客是首要问题。有的装修企业甚至销售成本占到了合同额的 20% 以上。这也是为什么行业内的培训多以网销、签单、转化为主要内容的原因，因为粮草一直没有解决，都没有那么多单子，靠人盯人也能做到。

在行业迫切需要提升效率的工具时，以酷家乐为代表的云设计工具异军突起。他们尝试用技术手段去解决传统装修行业存在的痛点，并首先解决效率问题，包括设计效率和销售效率。

大家居信息化的点、线、面、体模型

知者研究院提出了点、线、面、体大家居信息化模型。

点：单个轻量化应用，介入大家居业务面较浅，一般为销售前端，仅提高某一环节的效率，如量房神器、3D 云设计、VR 等。

线：基于大家居业务某段产业链条带来深度变革，如 FMS、ERP、BIM、AR 等。

面：基于点、线的成熟和融合，与商业模式融合，如 S2B、产业工人、物联网等，可以实现业务赋能和快速复制。

体：多个面的叠加，整个大家居产业生态等数据协同。

点和线提高了装修五大过程的节点效率：量房（量房神器）、设计 (3D 云设计)、转化 (VR)、运营 (ERP)、交付 (BIM)。本章节主要围绕提升过程效率展开。

从点、线、面的应用来看，其也带给大家居四大改变：智能智造（制造）、智慧门店（终端）、内装工业化（装饰）、智能家居（应用）。相关内容见本书第6章、第8章和第15章。

■ 量房神器：高效率精准量房

传统量房模式耗时长，要多人协助，步骤烦琐，工作效率低，数据易出错，需要量房、绘制草图，再到电脑端绘制CAD图才能开始设计。

目前市面上的量房神器一大堆，主要使用测距仪量房的方式，代表产品如科创量房神器APP。它能高效率量房，一人用15分钟就能搞定，跳过草图步骤，现场量房可在手机绘制CAD，图纸标准化管理，从而可以促进设计师成单，获取的房屋数据也便于企业整合管理。

这种量房神器APP是一款基于Android、iOS平台研发的测绘数据自动处理智能系统，主要使用于移动智能终端，如智能手机和平板电脑，以智能测绘为核心，广泛应用于装修设计、家居定制、房产测绘、建筑工程、物业管理等领域，能够实现量房、绘图、计积的一体化、自动化操作，极大地提高了测绘员的工作效率。

科创量房神器是基于CAD的，更精准，多是和大客户合作的。美家量房面向C端客户，工具性强。

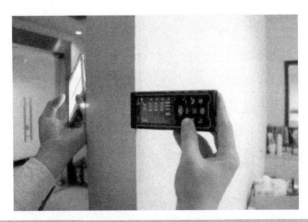

一人从量房到出图15分钟搞定

另外，东易日盛在研发激光量房的系统，将整个房间通过 3D 云的方式自动扫描下来，遇到房间与房间有间隔的情况，系统会尝试自动拼接。在系统拼接的过程中形成一些有误差的判断是在所难免的，但是东易日盛的研发团队将这个误差控制在 2 毫米之内，误差不会影响最终的施工效果。

不管何种量房方式，一定得满足高精确度、低成本、高效率的原则。

■ 3D 云设计＋VR 体验提升签单效率

3D 云设计的特征

一是具有云计算能力，而不是传统软件那样的简单计算。如酷家乐在全国有多个机房，几千台高性能计算服务器，每个月会新增上百台服务器。任何一台服务器的计算能力都是设计师平时用的个人电脑的十倍以上。一旦接收到全景图任务，平台就会智能化调度 10～50 台服务器同时进行计算，然后把结果返回给设计师。

二是 3D 云设计具有大数据属性，能更快更好地渲染。像酷家乐，其总注册用户超 1500 万，覆盖全国 90% 的 3D 户型，产出家居设计方案 3000 万套，日均渲染量达 100 万张，积累了家居行业内最大的设计数据库。不可能在设计师个人的电脑上装得下这么多数据，单个设计师、企业也无法拥有如此庞大的数据库资源。

三是云设计系统不断进化。相比传统软件的呆板和数据更新慢而言，云设计系统是灵活的，每天有大量的研发和运营人员在后台默默地更新程序和数据。换成传统软件的话，用户需要反复下载几百兆的安装包更新软件，万一有点小 bug，还得找回老版本的软件很麻烦。而随着大数据分析和人工智能的研发推进，云端软件会越用越智能，越用越简单，会比你自己更了解你。

利用"签单神器"提高设计效率

酷家乐作为云设计软件开创者，独创 ExaCloud 云端渲染技术，渲染高清效果图不再耗费大量时间，10 秒生成效果图，5 分钟生成装修方案，一键转成 VR 方案。

所以一开始 3D 云设计被称为"签单神器"，它可以解决效果图呈现的问题，帮助设计师快速出图、快速促单，提高签单效率。但还存在设计图无法落地、所见非所得、开发施工图难度大及软装家居线上销售缺乏服务支撑等待解难题。另外，若能把主材、辅料和家居软装整合起来，实现所见即所得，则其价值会更大。

不过酷家乐还是坚持做家居全案设计解决方案，一站式满足设计、营销、施工、生产等多场景的需求，不会介入供应链。

后起之秀红星美凯龙设计云，则致力于对原有家装设计和购物体验进行升级，赋能和打通家居产业链。通过以双"引擎"技术 3D 云设计为入口，以及真实商品模型和红星美凯龙 SKU 商品的打通，最终为用户打造更好的全景方案体验和家居购买体验。而三维家 3D 家居云设计平台则往云制造平台发展。

"VR+家装"的分类

2016 年被称为家居行业 VR 元年，家装企业纷纷利用 VR 技术还原装修后的效果，让用户沉浸式体验未来的家。打扮家、谷居、爱福窝、酷家乐、Homeet、大居网等专业 VR 领域服务商正不断迭代产品给行业注入新的活力。

"VR＋家装"主要有两种：一是"漫游实景"，即全景图 VR，是传播最广的一种 VR 形态；二是基于 UE4 或 Unity3D 的游戏引擎开发的"虚拟建模"VR。两者各有优劣，前者清晰度高，但"沉浸式"体验弱；后者清晰度不够，但有游戏般身临其境的感觉，还能交互，如站在桌子上环顾四周，将折叠床收起，打开橱柜看看里面的构造等。

目前的趋势是，在线上全景图会来越来普及，而在线下展厅、终端门店等会配备互动体验式设备，但由于成本问题，短期内难以快速普及。

不过两者可以结合起来，上门前，用户可以通过"漫游实景"进行线上远程看样板间；上门后，用户通过"虚拟建模"看到选购的家具饰品在自己家中的效果，戴上 VR 眼镜，就能感受身临其境的漫游效果。

总的来看，全景图 VR 以传播和用户体验为主，UE4VR 将以互动和展示为主。

3D 云设计 + VR 一体化的做法

在实际签单转化时，3D 云设计和 VR 体验结合起来会事半功倍。

1. 快速画户型图

上传户型图，参照图片精确临摹，并自由切换 2D 户型场景和 3D 装修场景，实时动态调整，3 分钟完成户型绘制。还有一种方式是在户型图库中在线完成户型搜索、绘制和改造。

2. 快速做方案

拖拽添加家具，点击更换壁纸、地板，多款软装方案，能一键应用到当前空间，常用家具自由组合，方便复用，10 分钟完成方案设计。

也有一种 ExaCloud 云渲染技术，10 秒生成效果图，30 秒生成 3D 虚拟样板间，5 分钟生成装修方案，用户可快速获取照片级装修效果图。

3. 无须渲染，实时看效果

可以随时修改，随时调整设计方案，实时观看设计效果。甚至光的直射、反射、漫反射都能立即体现出来，不用去渲染。

4. 一键 VR 场景化体验

1 : 1 还原设计场景，每一套家装设计方案均可实现 720° 全景 VR 或 UE4VR 呈现，戴上 VR 头盔用户可身临其境漫游在装修场景中，像玩游戏一样，旋转、拖曳方案，利用手柄跟家具产生交互，例如打开水龙头洗苹果，或者简单替换家具等。

5. 快捷分享

户型、模型、设计方案、家具组合可以一键分享，接收到的分享方案，能在手机上查看 720 度全景图，还能在客户端自由游走，抑或戴上 VR 头盔沉浸式体验未来的家。

当然也面临不少挑战，从产品本身来看，**延时、分辨率和内容仍然是 VR 家装的三大痛点。**

再从市场应用上来讲，如使用这些工具，但后台素材库不一定有企业的材料配置清单，若要建模，费用昂贵，还有购买 VR 体验设备也费用不菲，硬件和软件的成本都居高不下。另外，在体验时，戴上 VR 设备会有眩晕感。

现在有企业通过用机器学习来降低 UE4 的方案制作成本，毕竟做 UE4 时适合尺度的模型、材质、灯光等参数都是靠人工调到一个合理的程度，非常费时、费力。而用机器学习目前可以砍掉 95% 的成本，如深度学习做相似模型的分析，然后找出类似的产品在哪些户型和风格里会被使用得比较多，对企业的家具新品发布预测非常准。

■ ERP 加速落地服务的连接效率

让材料等工人，不让工人等材料

家装行业涉及设计、施工、材料、验收、维保等流程，牵扯多个公司、部门及人员衔接，还有线上线下的信息整合。如果信息化程度不高，会产生大量的沟通成本，很浪费时间。

比如设计风格差异及用户的个性化需求就需要一个信息处理系统完成，再加上线下市场推广、线上获客、施工进度、材料下单……这些环节都需要繁杂的计算机系统，还要整合很多人员参与，系统就更复杂了。

而强大的 ERP(企业资源计划) 体系，通过体系调用，确保施工及建材调度与效率，让材料等工人，不让工人等材料，这点非常关键。

传统装修公司和互联网电商对 ERP 的理解完全不在一个层面上。ERP 的核心是将所有人做的事情统一到一个目标上，简单概括就是自己公司有 1000 人，链接了 10 万人，这些人都围绕一个目标做事情。

就像唯品会、京东的成功，ERP 思维贡献不小。索菲亚上市后，ERP 就升级了 13 次。

传统装修 50% 以上的时间都浪费在等待下一个工序。而家装互联网化能够随时随地知道需要什么，这一切背后比拼的就是 ERP 系统。

提高运营效率和落地服务的用户体验

ERP 不仅仅是一个系统问题，更是效率和成本的问题，通过运营、管理繁杂的装修流程，处理用户预约、跟进、设计、施工、竣工，直到后期的售后，可以更精准、高效地服务用户。

从用户预约、上门，到家装顾问、设计师服务跟进了解用户需求，再到签约后的一系列施工、监理，直到工程竣工，皆摒弃掉了传统的人与人之间的交接操作，而是人机联合，通过ERP系统来解决、跟进服务。

每位用户家的装修信息、装修进度、流程、项目工程信息，都会在系统内"登记入册"，由专人监管，诸如工程延期或工程整改等问题，都可以通过ERP系统提前预警，以最快的速度通知相关责任人，使之在规定的时间内快速、高效解决。

例如，在之前的装修过程中，若出现设计师与施工人员沟通不到位情况，必定会影响施工人员对用户装修需求的理解，从而使装修"言不达意"，降低用户体验度，以致出现返工问题，延缓工期。ERP施工人员可以在系统内查看到与用户装修需求相关的所有信息，如此一来，在施工过程中，因人员信息表述偏差、信息表述不全所产生的施工问题，便可避免。

齐家网控股的博若森在2008年自主研发了用于家装工程管控的ERP系统，将家装的工程细化为480个节点，实现了工程施工流程标准化。也是靠这个当时业内领先的商业模式，博若森在成立3年里业绩增长了3倍。

不过，要用到这套系统，就必须对组织形态进行变革。博若森从2006年成立之初开始摸索，对公司整个服务人员架构进行了重构，已经摆脱了传统家装公司的组织架构，就像福特汽车一样，做到一个人负责汽车生产流水线的一个节点，而不是像过去一样，一个人生产一辆汽车。

每个人员必须按照系统设定的时间，去完成对应的工作，也必须按照系统设定的标准去严格监管工地和施工工艺，上传施工照片。管理人员有相应的把关节点，需要对这些节点进行审核和把关，从而按照工期完成家装项目。

为了真正达到标准化，博若森还把实训基地和EAS供应链系统作为家装生产流水线一个必备的流水节点。实训基地能够对每一个服务人员进行家装标准化的培训，以便在家装服务过程中进行标准化的操作，保证每个人才的输出。而EAS供应链系统，则能方便快速地对仓库的库存进行查询、调配和处理，提高产品的使用率，改变仓库的周转率，保证不积压产品。

另外，就是最大化保障分站与总部的一致性。新开通分站的新入职员工可以通过 ERP 快速了解装修业务、工作流程，了解自己的职责与工作内容。分站人员与总部人员共同使用 ERP 系统来完成工作，整个工作流程将会更系统、规范，在标准的流程模式下运行。

■ BIM 保障施工交付的稳定性

BIM 将对家装行业带来巨大改变

BIM(建筑信息模型) 以建筑工程项目的各项相关信息数据作为基础，建立起三维的建筑模型，通过数字信息仿真模拟建筑物所具有的真实信息。它具有信息完备性、信息关联性、信息一致性、可视化、协调性、模拟性、优化性和可出图性八大特点。

潘石屹曾认为，BIM 系统是降低成本的"杀手锏"。BIM 系统在 SOHO 各个项目推进建设中发挥着比较大的作用，主要体现在四方面：①在 BIM 系统中可以检查错误，大大减少了返工的次数，缩短了工期；②成本的控制，BIM 系统有效降低了项目花销；③能源管理系统；④多项目协同管理。

中央美术学院建筑设计研究院院长王铁认为，BIM 技术是一种贯穿于建筑装饰设计全生命期的三维数字技术，经过多年的发展，以其高效率、低成本、可视化、可预见性、所见即所得、协同化等特点，已得到世界各国的广泛认可。而云计算、大数据、移动互联网、3D 打印、虚拟现实、物联网等技术更为 BIM 技术应用与发展，提供了强有力的支撑。

优点颇多的 BIM 也被应用到了家装领域中，带来了三个转变。

一是从工具软件到平台连接的转变。 BIM 系统从工具软件开始升级为渲染云平台、供应链平台、模型云平台、管理云平台、协同平台。

二是从企业资源向生态链资源的转变。 家装产业链里的各种要素，如设计师、供应链、工人、金融等都会更密切地合作、协同。

三是从项目协同到社会化协同的转变。 家装消费大数据的应用、装配式装修技术的成熟、物联网在供应链领域的深入等都会催生建立更大、更广泛、更深入的社会化协同体系，而 BIM 就扮演了重要角色。

行业内，东易日盛的速美超级家、绿色家、一千零一艺、打扮家等纷纷推出了自己的 BIM 系统或平台。如一千零一艺 (ART1001) 的阿拉丁 BIM 云平台，将设计师、装饰公司、供应商、设计院、建筑公司、地产商连接在一起，提高行业工作效率，通过"模型工业化、设计智能化、服务协同化"体现设计生产力。

BIM 在家装行业的具体应用

传统家装与 BIM 技术融合后，产生了 BIM 家装，可以实现装修隐蔽工程的可视化。材料的属性、规格、数量、价格、生产厂家，以及施工交付都可以通过 BIM 家装体现出来。

1. 精准报价

如速美超级家的 BIM ＋系统内置了东易日盛的企业定额，而企业定额是根据工艺绑定的，随着模型的调动，系统后台会自动匹配报价的项目和清单，漏项问题基本能解决。

2. 装修可视化

在传统施工中，平立剖之间、建筑图和结构图之间、安装与土建之间及安装与安装之间的冲突问题很多，而通过 BIM 可视化可以发现设计中的碰撞冲突，在施工前快速、全面、准确地检查出设计图纸中的错误、遗漏及各专业间的碰撞等问题，提高施工现场的生产效率，减少施工中的返工次数，节约成本，缩短工期。

3. 规范施工图

BIM 技术运用到室内装修设计中，无论隔断，还是墙面、地面、吊顶的设计，都对其内部构造以及材质进行了详细的记录。通过绘制室内三维模型，生成了详细的明细表、施工图、详图等。在完成方案设计的同时，也完成了施工图绘制。

4. 避免材料浪费

BIM 可以精准地统计各种工程量，统计墙体的抹灰面积、材料量、门窗数量、家具数量，还能统计每个构件的各种信息，如安装日期、生产厂商、成本价格等。精准的统计可以避免材料浪费以及完成精确的造价预算。

BIM 在家装行业应用要兼顾精准性和易用性

酷家乐、三维家、打扮家曾被称为"谈单三强",在效果图软件这个赛道里,酷家乐率先胜出。但就家装信息化而言,酷家乐所做的才刚刚开始。

因为效果图只是解决了"所见"的问题,没有解决"所得",这才是家装最关键的一点。换句话说,效果图提高了销售转化效率,但没有解决交付的问题。

使用传统的效果图方式会导致施工图、算量与设计脱节,只有将整个"家"完全数字化后,设计才有意义,从而达成多方协同作业。所以只有 BIM 级的设计才能真正满足市场的需要,这是至关重要同时也是最难的一个环节。

从这个角度看,BIM 才是家装信息化的核心,只有解决了预算、材料、施工和工人的问题,才能解决真正的痛点。好看的效果图带来的只是即时满足的爽点。

从行业内来看,打扮家、速美超级家、金螳螂·家、三维家、绿色家、唐吉诃德以及一千零一艺 (ART1001) 等都在进军 BIM。装修企业对设计、施工图、精准算量一体化有需求基础。

为什么 BIM 在家装领域的应用成本过高?相比较而言,在数字化建造领域,单值大,从业人员多,培训时间长,团队稳定;而在家装领域,设计费低,设计周期长,团队不稳定。

所以谁能将 BIM 的应用成本降下来,并且兼顾精准性和易用性,谁就有机会胜出。

现状是精准性很高,则使用门槛高,设计师不想用,很排斥,易用性很差;而用起来很简单,则算量不准,像玩具似的,效果图好看但不落地,精准性很差。

"BIM 设计＋智慧交付"协同一体化解决方案

2020 年 4 月,打扮家 BIM 联手网家科技"掌赋 APP",针对家装行业设计与交付难以协同的痛点,联合推出"BIM 设计＋智慧交付"协同一体化解决方案。

打扮家 BIM 是一款用于解码的智慧化工具,服务于设计、出施工图、算量清单等,属于重设计与一体化解决方案;掌赋则覆盖施工、工程管理、交付、后端服务等多个环节。

双方协同后通过从设计、出施工图、算量清单到后端施工交付，形成一个全数字化协同管理的服务流程，为家装行业带来更大变化。这样不仅实现"所见即所得"，还能通过数据化管理方式，帮助装修企业提升工作效率、大幅降低运营成本。

一次线上演示中，打扮家使用 BIM 技术做了快速出图并实现高清渲染的技术展示。

在 3 分钟时间内，设计师通过使用打扮家 BIM 软件，将画面中二维户型图形快速搭建成一个可供全方位高清展示的三维立体家居环境，从水电系统、硬装布局、全套定制家具到软装配饰等一应俱全，最终还能快速生成装修方案的精确报价。

该方案的精确报价不仅包括具体的施工费、材料费，还能按照不同的材料进行分类，并标注每个 SKU 的具体数量和详细尺寸等。

在渲染环节，打扮家能够在 2 ~ 3 分钟内针对一张效果图完成超高精度的图片渲染，单帧画面的品质超过了此前基于 UE4 生成的效果图。

成立于 2015 年的打扮家是国内首家"家装供应链＋BIM"设计软件提供商，创始人为崔健。自成立以来，打扮家专注于虚拟现实家装设计解决方案研究、开发和产业化以及虚拟现实家装平台的构建，已经能够为家装公司以及行业上下游企业提供"全屋定制整装 BIM 解决方案"。

2019 年 12 月，打扮家线上设计平台"爱舍记"在京东、淘宝正式上线，为家装企业、地产企业提供 BIM 级设计解决方案。客户在实际的购买材料、施工装饰前，通过该解决方案，进行墙体拆改、水电铺设、隐蔽工程、面层处理、定制家具、软装等"数字化预演"，从而在实际执行前能发现预算超支、设计不合理之处，并快速便捷调整，最终获得既符合客户居住需求，又在客户预算范围内的完整装修设计方案。

2020 年 1 月，居家电商"京东家"正式上线。京东家联合打扮家免费向设计、装修企业提供定制版打扮家 BIM 设计软件服务，支持其实时输出效果图、算量清单和报价，并将方案一键同步至京东购物全链路。

崔健认为，数据化将会是家装行业日后必备的"弹药"，它能帮助业主、设计师、工长、家装公司实现家装流程真正的"在线化""可追溯"和"高效协同"，成倍提升服务效率。

■ 构筑全链路的信息化护城河

完成信息化高速路的基础建设

家装行业互联网改造有两种方式：一种是通过企业自身提高效率和运营管理水平；另一种是进行专业化的分工，通过信息化手段将产业链前后打通并串联。这两种方式不论未来走向如何，实际的落地都需要信息化模式做支撑，整个行业的发展需要信息高速路的构建和完善。

于是针对销售难做、项目难管、成本难清、客户难满意的痛点，行业内诞生了专门服务于家装企业的信息化管理软件，能够针对客户的不同需求提供稳定成熟的信息化解决方案。

当阿里巴巴把工业互联网定义为**数据驱动的新价值网络**时，背后就需要一套强大的中台体系。

以汽车行业为例，每一家汽车整车厂都有上千家供应商，供应商还要分一级、二级、三级，一辆汽车差不多由 100 万个部件构成，这些部件供应商又分散在全球各地。此时，就需要一套中台体系。**中台体系的意义是打造一个枢纽，枢纽通过数据简化供应链和己方的连接。**

通过中台体系，连接的数量级从两个下降到了一个，协同成本大大降低。

在阿里巴巴的工业互联网平台，已经汇集了上百个工业 APP，每个 APP 的价格从几千块到十几万不等，它们有一个共同特点——在云端运行。也就是说，对于用户而言，不需要买服务器，不需要租机房，不需要找 ERP 厂商做管理系统，用户需要做的仅仅是在云端打开一个 APP，就可以解决问题。

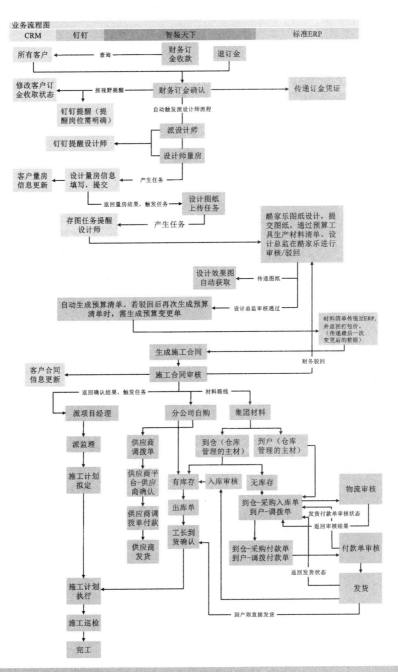

信息系统的逻辑架构图

比如，作为新型信息技术企业的艾可思，专为装修企业提供全面、集成的创新型软件即服务。公司立足于深圳与昆明，专研深耕装修行业 15 年，正在帮助中国 3500 家装修企业、10 万名从业人员以新的方法认识数据、提高效能。

智装是艾可思自主研发的，专业为装修企业提供强大的营销、客户管理、预算报价、材料供应链、财务、施工管控等全方位软件和服务组合。智装的数字化装修企业业务生态场景，能够满足装修企业业务全流程管理运营的需求，还能够提供现代云开发工具，赋能装修企业标准化数字运营能力。

打通家装各环节的闭环信息系统

企业的 IT 信息化投入是一场马拉松式的赛跑，无法突击，也不能浅尝辄止。

爱空间为了实现智能化管理，打通家装各环节，耗费三年时间，上亿投入，由 70 人技术团队打造出的"魔盒"，由产业工人端的熊师傅 APP、运营管理端的爱聊儿 APP 和客户端的爱空间 APP，以及支撑 3 个 APP 工作的 19 个系统组成，可将客户、设计、物流、财务、信息、工程管理等全部串接在一起。

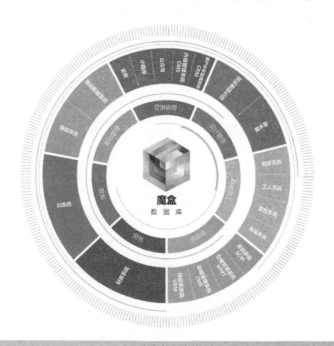

魔盒数据库

3 个 APP：①爱空间 APP，客户端，用户在线上就能完成所有家装流程；②熊师傅 APP，产业工人端，工人可以接活儿，看到所有单子开工、截点、验收的细节，以及工钱结算和提现；③爱聊儿 APP，运营管理端，各部门配合、协调和数据调取。

19 个系统：CRM 客户关系管理系统、CMS 内容管理系统、公众号、小程序、官网属于营销管理系统；设计系统和魔术家属于设计管理系统；管家系统、工人系统、质检系统、售后系统属于工程管理系统；SCM 采购系统、WMS 仓库管理系统、TMS 运输管理系统、VRM 供应商系统属于供应链系统；基础数据系统和商品系统属于基础管理系统；BI 系统属于数据系统；财务系统等。

设计师只需用爱空间自主研发的量房笔在手机上进行设置，可现场生成 2D 或 3D 图，将数据上传至云端，客户能即时看到，方便调用。设计师依据上传的户型图设计好效果图后，系统根据不同的客户家、面积、设计方案、材料选择，按照 16 个工种的工料，将材料精准分拆，然后自动分成 4 次上门运货的材料清单。仓储物流系统会按时将不同材料包送至指定地点，工人需登录熊师傅 APP 抢单后在指定时间段根据自己的工种视图作业即可，无须担心材料问题。

整个过程中，客户在爱空间 APP 端看到进程播报，每天 2 次打卡播报，不用跑工地；还能实时互动，有专属群组实时沟通，并能一键拨打总经理电话；完工后根据服务满意度打分、写评语，促进服务质量提升。

土巴兔的整体运营系统能够实现对施工流程的智能化管理与精准化分析，通过链接 F 端（厂家）与 C 端（用户），实现家居建材从厂家到用户的直接供给，提升效率，缩短工期；反过来也能实现供应链上家居建材的以需定产、智能调度，极大地提升供应链的效能，降低生产成本，避免浪费。

7-11 特别重视信息系统的完善，因为就算你有了店铺、有人帮你生产、有足够的人手，但是你不知道应该卖什么、怎么卖、卖多少量、卖给谁，准备再充分也没用。所以信息就是生命。当你加盟 7-11 的时候，它会给你提供三项数据，当作开店的参考，分别是立地数据、设施数据和长期数据。"立地数据"是指调查各门店周边，半径 350 米，走路 5 分钟以内的家庭数量。如果有商户的话，还会调查商户的员工人数。通过"设施数据"可以了解门店周边有没有学校或者医院之类的设施，这对日常订货的预估能提供一定的帮助。"长期数据"是7-11根据过去的数据，呈现有关趋势的数据。所以7-11不仅是一家便利店，也是一家大数据公司。

金螳螂将自主研发的VR系统与Qu＋云设计结合，推出自己的家装BIM系统，不仅助力实现对企业的多维度管理与流程把控，也能为用户带来真实高效的消费体验。

速美超级家2015年7月投入开发，10月底推出成品，正式面世。2016年5月底，第一家落地服务商门店开业，现已覆盖全国20多个城市。速美超级家是基于信息化、数字化技术带来的交互方式和商业模式的变革创新，通过"6＋1"系统，设计师抛弃过去的CAD画图，转用BIM来作图。

绿色家以"绿色＋科技"为核心，打通了家装企业运营的全信息化系统，从绿色研发，到绿色设计、绿色产品及供应链，绿色施工，绿色家装，为客户提供全绿色环保的家居生活方式。

斑马仓自成立以来秉承着"科技让服务更智慧"的使命，通过大数据、云计算、区块链和AR&VR技术及Saas系统，整合泛家居领域核心资源，赋能B端，提高其核心竞争力，解决整装行业供应链痛点，为中国房地产企业和装修企业输出优质供应链。

在这个时代，每个家装互联网化公司都应该是大数据公司，是科技公司，将所有信息数据化，所有服务流程系统化，最终形成系统的闭环，将官网、CRM、ERP、VR、项目管理、工人管理、供应链管理、库存管理等所有信息系统环节打通，构筑IT化的信息护城河。

全新家科技CEO王大川认为"AI＋VR＋BIM＋装配式＝家装行业下一个十年"，这点我也认可。

如果AI＋VR＋ERP＋BIM的应用足够成熟，这套家装产业完整闭环的信息系统就可以赋能整个大家居产业，尤其是与装配式装修的结合会使大家居产业如虎添翼。

第15章　精装房、全屋定制、软装、整装及后市场

家装行业的基本格局及未来

精装房的是是非非

全屋软装家具定制

硬装、软装齐步走

磕磕绊绊的整装

热闹的家装后市场

智能家居的布局

■ 家装行业的基本格局及未来

家装行业五大基本格局

家装行业的五大基本格局是个性化的定制家装、标准化的互联网家装、全屋整装、家装后市场和专业赋能商。

个性化的定制家装＋标准化/产品化的互联网家装＝硬装＋软装＋全屋整装。

等号前面是产品/服务模式，后面则是产品的具体形态。而将"全屋整装"单独拎出来放在家装行业的基本格局里是因为趋势明显，不管是定制家装还是标准化的产品/服务都在朝着全屋整装的方向发展。

家装后市场分为墙面刷新、安装维修、局部装修和家居保养，也可分为单品换新（如换涂料、地板、瓷砖、吊顶），小件换新（如换智能门锁、智能马桶等），及空间换新（如换一个卫生间、厨房、客厅），代表企业有立邦刷新、神工007、万师傅、百变空间、生态美家等。

专业赋能商：获客、设计、监理、供应链、施工、信息化、培训等板块都有专业服务商。比如知者研究院就是为行业提供深度内容和解决方案的服务商。

从大家居产业变局中看装修企业的未来

大家居产业从生产制造领域，到流通环节，再到终端场景呈现和用户的交互都在变革——智能智造（制造）、智慧门店（终端）、内装工业化（装饰）、智能家居（应用）。

家装行业的产品化程度低、过分依赖于人和"水、电、木、瓦、油"的传统现场作业方式导致交付品质很不稳定，使得企业规模和用户口碑成反比，再加上财务风控意识差，管理运营低效，费用率高，反而是规模越大，现金流越紧，资金窟窿也越大。

而这些从下游装修企业来讲很难有质的改变，效率提升的目标始终无法实现，这也是装修企业无法达到百亿级的原因，还没到，就已崩盘。

家装行业的变革只能依靠上游最大限度地成品化、流通环节的洗牌，以及行业信息化配套成熟，再由国家层面的法律法规完善和主导推动，比如内装工业化、工人产业化等才会带来彻底的改变。

也就是家装行业的洗牌要比产业上游完成变革要慢，在此过程中效率的改善会有阶段性的提升，每一波提升都会清理一批劣质产能和低效产能来提升整个行业的供给效率和供给品质。

家装行业在大家居产业变革中扮演着优化供给的落地服务角色，高效率的装修企业会存活下来，会成为上游变革的落地服务商。

再从现状来看，地产商、建材商、家具商、家居卖场、家电卖场以及房产中介，凡跟家居沾边的都在抢占装修入口，这比2015年时规模更大，信心也更坚定，但当洗牌结束，大多会失败，然后或整合、或收购、或合作，连接成大家居产业链新的价值网。

■ 精装房的是是非非

精装房是大势所趋

各地频繁出台新建高层住宅，推行精装房，淘汰毛坯房。

2016 年 9 月，浙江省政府办公厅印发了《关于推进绿色建筑和建筑工业化发展的实施意见》，自 2016 年 10 月 1 日起，浙江全省各市、县中心城区或城市核心区出让或划拨土地上的新建住宅，全部实行精装修和成品交付。

2016 年 11 月 29 日，山东省政府办公厅转发了省住房和城乡建设厅《山东省建筑设计和装修服务业转型升级实施方案》，提出 2017 年设区城市新建高层住宅开始实行全装修，2020 年新建高层、小高层住宅淘汰毛坯房。装饰设计和选材上体现低碳、环保、节能理念，加强材料检测和室内空气质量控制，室内空气质量不达标的不得交付使用。

如今，广东、河南、山东、浙江、上海、陕西等各地都有出台精装房政策，不断提高新房精装修成品房的比例，甚至达到基本取消毛坯房的程度。国内各大中城市房地产新房精装修已经逐渐从政策步入落实阶段。

不难看出这些地方都存在房价较高的问题，政策也有"挤泡沫"的因素。其实，二十多年来的家装生产和交付都交由消费者决定也是中国房地产市场爆发式增长的阶段性产物，忙着盖房子，房子也好卖，毛坯也能快速交付，何必加工期装修呢？

如今精装房减少了业主购房后二次装修造成的材料浪费、环境污染、人工消耗和安全隐患，也符合国家建设节约型社会和行业效率提升的发展趋势。另外，开发商利润被管控，也想通过装修提高利润。

住宅精装所代表的不只是精装配套、精装交付，而是一套全新的设计逻辑和商业模式，在住宅精装趋势下，房地产商对下游的建材、装修、固装家具等进行了全面的整合，同时留给活动家具、软装、家电等领域的市场空间也被压缩，而下游企业想要"向上集结"，纷纷通过"家装互联网化"入口寻求"被打包"。

和地产商合作做个性化精装服务，或许未来 B2B 品牌模式将成为重要组成部分。深圳瑞和股份推出的"瑞和家"定位为"地产商的精装专业配套商"，还有绿地诚品家，都在应对这一趋势。

精装房面临的问题

有这么一个段子，说现在的所谓精装修相当于：哇，这位老战士的枪法真神啊，弹无虚发，7环。

看似美好，其实在用户教育和落地执行时还有很多问题待解决。

一是解决用户信任问题。买过精装房的人基本都会吐槽：材质差、容易坏，性价比低。这也和开发商拔高用户期望有很大关系，号称每平方米1500元以上的装修，其实也就是五六百元，甚至更低。武汉、成都等地都因精装房大规模维权事件而上热门，当地政府也是头疼不已。

以成都为例，维权业主的理由主要有以下两点。

(1) 装修价格与市场价格差距太大，3000元/平方米的装修标准，也就是市场价500～800元的质量。

(2) 装修清单中使用的材料、设备等没有明确告知品牌和型号。

业主想要协商整改，又遭遇开发商冷处理。所以很多用户交房时就维权，甚至有的用户买房时就维权，其中诸如中海、融创、万科、绿地等知名开发商未能幸免。

二是标准的制定和监管问题。还没有精装房的交付质量标准。应该装成什么样子？如何保证装修的品质？出现质量问题怎么索赔？这些都不清楚，用户只能靠入住后去发现到底有没有问题。如此一来，尝试成本太高，会加大用户的购买决策成本。

三是供应链整合和交付能力。对于精装房而言，供应链和信息化是基础。要整合辅材、主材、家具、软装，甚至家电等的众多品牌，供应链竞争力弱就没有规模优势；信息化不强影响交付工期和质量，也就很难大规模复制和扩张。没有量会饿死，有了量可能撑死，做好精装修必须得具备强大的供应链整合能力和交付能力。

精装房如何解决个性化需求

之前一个地产商跟我说："以前房子不愁卖，不用装修；现在房子不好卖，一装修就成二手房了。"这一定程度上也反映了精装房还不能满足用户个性化需求。

现在基本是两种方案：一是硬装整体交付，由标准化家装解决；二是整装前会和用户沟通，进行一定的方案选择。

浙江省住房和城乡建设厅曾就本省发布的《关于加快推进住宅全装修工作的指导意见》进行解释，提出了"菜单式装修"的要求——在设计时将装修项目和材料组合成不同的、固定的装修产品，每种户型装修方案至少3套，供购房者选择。

可能是考虑到时机的问题，浙江省住房和城乡建设厅相关负责人表示："《指导意见》的实施范围是在'中心城区'。第一，没有'全面取消毛坯房'；第二，这个'中心城区'划多大，《指导意见》将这项权利赋予了各地政府，给了各地一定的'弹性空间'，没有一刀切。"

如某装修企业与众多房地产集团达成战略合作，推出了精装房个性化定制服务。怎么做？楼盘精装交付即"标准化"，可以挑选不同品牌、不同款式、不同颜色的同价位产品，例如将房地产原来标配的复合地板升级成实木地板等的"个性化"，包括增加天花板、电视背景墙等"定制"项目，让用户在房地产购房收楼时一次性满足自己个性化的定制需求。

政府监管部门也在逐渐发挥作用

针对精装房出现的乱象，政府监管部门也在研究政策，解决这些问题。

比如现在成都住房保障和房屋管理局对精装房管控很严了，比如样板间每种材料和单品都要核实价格、备案、品牌产品拍照，有问题的话也会将施工进度赶一点儿，不会再像之前那样出现大规模的投诉。

有些地方的建设管理部门考虑将装修合同往前提，在买房时就签订。

地产商大都有自己的精装房公司，如德商地产一年会交付5000套房，如果算上工费和材料费，产值很快过10亿。这和to C市场完全是两种成本结构，工费低、速度快，比家装公司效率高。

■全屋软装家具定制

家居消费者普遍存在的痛点

(1) 成品家具无法实现最大化的收纳功能。随着各个城市整体房价的逐渐上涨，房屋空间的充分利用以及合理收纳，已然成了消费者的理性需求。

(2) 80 后、90 后市场的主流消费群体对房屋的实用性、功能性、个性化的需求难以满足。他们受到教育、文化、家庭背景的影响，对家的需求逐渐转化为对舒适、美观、个性的感性需求。另外，全屋软装定制在未来的趋势就是满足现代消费者对于感性和理性两方面的需求。

(3) 成品家具组合购买，搭配风格不统一，产品售后难保证。

(4) 购买过程需要耗费消费者大量时间和精力，没有太多时间和精力去对比选择。

(5) 家居行业数字化基础较差，互联网应用处于较低水平。

而家居企业面对挑战也有自己的应对方案。以传统家具制造商左拉家居为例，一开始就致力于互联网产品标准化、服务标准化打造，同时也为地产、家装行业提供家具合作解决方案。

定制家具消费者普遍存在的痛点

(1) 家具销售环节渠道链条过长，价格透明度极低。

(2) 定制家具需要长途运输，运输成本高，时间长，不好把控。

(3) 定制家具质量以及售后难以保障。

(4) 家具材料环保和安全问题难把控。

针对这些痛点，宜和宜美基于关联企业非金属数控机床加工行业领先者星辉数控的产业链延伸，利用星辉数控板式自动化生产线的优势，在全国形成了包括新疆在内的几十家生产网点，并完成了上下游的跨界资源整合。以 CV 为核心的软件系统，实现营销云平台设计软件与生产的垂直软件无缝对接，设计数据直接转化为生产数据，极大地节约了设计、生产耗时。通过云端管理，统一生产工艺标准，实现数字化管控后台。

而专注整木全屋定制的北美枫情的整个供应链垂直程度较高，从速生林到产品输出有较完善的供应链。其上游供应链的可控性较高，如在速生林资源较丰富的广东、广西地区自有基材工厂，在非洲拥有硬木林地等。对于常用规格材料，一般也是跟材料制造商签订战略合作协议以保证供应的价格及稳定性。

如此，北美枫情实现了一体化销售、设计、生产、安装的解决方案，采用工业化设备与数字化管理解决定制产品的低效率生产问题，产品风格更聚焦、更专业化，满足城市中产以上的高端改善型用户的需求。

真正的全屋定制既要实现一站式购齐功能，又能够满足用户关于定制方面的个性化需求，虽然消费者倾向于一体化趋势，但是每一个用户都是个性化的。这意味着企业需要具备强大的整体设计水平和完整的供应链能力。这当中，设计端和生产端是关键砝码，关系到企业能否快速赢得市场。

四大挑战需要正视

一是全屋定制业务的本质依然是服务链，用户不仅审美水平在不断提高，服务需求也在升级，服务能力的提升也成了亟待解决的问题。

二是软装需要整合的品类太多，完全整合到位还有很长的路要走。全屋软装家具定制包含了客厅、餐厅、卧室、书房、儿童房、老人房、玄关、阳台等在内的 8 大空间的所有定制家具，小到鞋柜，大到床体、床垫、沙发、桌椅、橱柜等近 30 余种类、上百种产品，这个整合工程极为复杂。这就考验了产品研发能力、信息化水平、柔性生产能力、物流服务体系等综合系统竞争力。

三是用户争夺的问题，软装行业最大的竞争对手不是同行，而是家居卖场，争抢市场份额，竞争会极为激烈。家具软装的销售也将逐步形成传统卖场、电商、家装、综合独立店的基本渠道格局。

四是用户之于软装个性化需求仍大于标准化，这也是软装在硬装之后逐渐有了标准化的雏形的原因，确实很难。虽然"与其千挑万选，不如精挑细选"，但软装的标准化对消费大数据和用户管理模型更为依赖。

■ 硬装、软装齐步走

硬装和软装的区别和关系

现代意义上的软装已经不能和硬装割裂开来，人们把硬装和软装设计硬性分开，很大程度上是因为两者在施工上有前后之分，但在应用上，两者都是为了丰富概念化的空间，使空间异化，以满足人们的需求，展示人们的个性。

1. 软装和硬装是相互渗透的

在现代的装饰设计中，木石、水泥、瓷砖、玻璃等建筑材料和丝麻等纺织品都是相互关联、彼此渗透，有时也是可以相互替代的。

比如，对于房顶的装饰，人们往往拘泥于木制、石膏这些硬装材料。实际上，用丝织品在室内的上部空间做一个拉膜，拉出一段优美的弧线，不仅会起到异化空间的效果，还会有些许的神秘感渗出，成为整个房间的亮点。

这种概念化空间的软装源于我国古代宫闱中层层叠叠的纱幔，它充分表现出东方文化的缥缈与神秘。

2. 软装应与硬装同步进行

有的开发商设计一个样板间是这样做的：同一时间召集软装设计师与硬装设计师一起做方案，大家定好了风格方向，硬装设计师才据此规划空间格局，最终既风格统一，又节省时间，避免了软硬装设计脱节造成的执行困难。

一般的用户都是非专业人士，无法准确说出喜欢哪种风格，但喜欢哪些家居用品是可以确定的，然后让软装设计师先根据要求设计方案，再由硬装设计师根据软装方案来规划格局，从而确保效果图与装修结果的一致。

其实，硬装重"形"，而软装则要求"神"，只有把两者有机结合起来，才能实现家居装修的个性化与实用性。

软装的前置条件及金融服务支持

软装设计在硬装设计之前，看似可前置，但有几个条件。

(1) 硬装的入口价值要大，性价比要高，先解决从 0 到 1 的问题。

(2) 对样板间的依赖性更强，用户真正去现场看了，是所见即所得效果。

(3) 硬装上不能有大的口碑问题，施工管控达到一定水平。

(4) 设计上，硬装与软装得实现一体化，通过技术手段实现。

另外，软装的销售除了依赖硬装的销售外，还要注意金融贷款的便捷性，硬装加家居软装整体签约，预算可能翻倍，用户对贷款的需求会更大 (低息、便捷)，所以对便利性和及时性的要求更高。

■ 磕磕绊绊的整装

心心念念的整装来了

出于做大客单价的经营需求，装修企业一直在等这个机会。从 2017 年起，整装开始"骚动"起来了。

(1) 厂商的渠道突围。家具软装厂商因竞争压力开始采用家装渠道，以前都是代理商去做。

(2) 物流成本的降低。2013 年以来，我国社会物流总费用与 GDP 的比率一直在下降，从 2014 年的 16.6% 降至 2018 年上半年的 14.5%。有效推动了物流降本增效，也使得家具这种大件的物流成本快速下降。

(3) 设计软件的成熟。3D 云设计的普及打通了硬装设计、家居和软装设计，即设计一体化，为设计整装效果图节省了大量时间。

(4) 客户的最终需求。客户的装修需求很简单，就是想要一个完整的家，而不是过度参与装修的过程，这不是真实需求，只是不放心罢了。

(5) 装修企业要提升客单价。装修公司出于获客成本上升，转化率下降的问题，通过整装提高客单价，增加更多毛利额。

整装以设计和服务为基础

如果将硬装看成背景色，那么软装就是点缀色，而全屋定制家具则是主题色，在全屋整装里，各自点缀着家的一部分。

对于用户来说，除了性价比外，一定要好看和"所见即所得"，这就要求大设计和服务落地，从而保障所需的实现。

大设计指硬装、软装和定制家具的一体化整体设计，得保证装修和家具的风格统一。

从和家装近似的电脑的发展来看，一开始是组装机迅猛发展，主要看内存、硬盘、主板、显卡、处理器等核心配件，后来随着各部件的成本降低和硬件的发展，大家更倾向于买品牌笔记本，再往后可能就集中于手机端了。

对比苹果手机来看，设计是核心灵魂，设计也是整装的灵魂。随着内装工业化的到来，设计研发也会是整装产品研发重要的一部分。

如博洛尼要做的，是连同灯具、地毯、窗帘、装饰画在内的软装搭配细节，一起当作全屋的一部分，不仅为消费者的家提供规定空间尺寸的家具，更营造一种专属的、个性的生活氛围。

整装的差异化体验感

近年来，标准化硬装在一个套餐＋三套风格＋极简个性化增项的基础上逐渐扩大个性化，爱空间、速美超级家、橙家等都在增加风格和用户的可选性。

橙家之前是"轻奢＋微定制"，满足消费者的功能需求的同时，通过空间色彩和家具搭配满足不同人群的个性化需求。新掌舵人朱石友仍然认为"过去的产品选择性非常少，没有兼顾到客户个性化需求和升级的需求，调研显示客户还是希望有更多的选择，我们就对产品做了比较大的调整。"以此提高品牌定位，赋予产品更高品质，提高客单价。当然过程中，就看个性化的标准化能做到什么程度。

若你的整装产品主打性价比，如果是打价格战肯定还有更便宜的，那么在高性价之下的差异化是什么？这要找到亮点，比如"**人性化设计＋智能化场景＋个性化需求＝差异化体验感**"。

排序大致是个性化需求＞人性化设计＞智能化场景，通过人性化设计、智能化场景和个性化选择最大限度满足个性化需求，达到产品与用户间的最大交集。

整装与硬装销售的逻辑关系

硬装选材的基本逻辑：大众款（中庸款）＋基本色（协调性，不至于跳色）＋功能一体化，但最大的问题是很难找到大众款，不同品牌、不同花色、不同款式都有不同的大众款，而且用户的需求也是变化的。

现在大家的整装逻辑基本是通过整装宣传引流，或硬装套餐＋家具软装优惠券引流，然后再从整体设计、功能性甚至生活场景引导，买了硬装送家居软装券，再后续转化。

如果一上来就卖整装产品发现转化率很低，要么是沙发看不上，要么是风格不喜欢，要么是款式觉得土等。就一家装修企业而言，整装的转化率会小于硬装的转化率。所以测算毛利后，当**整装客单价 × 整装的转化率 × 毛利率＜硬装客**

单价 × 硬装的转化率 × 毛利率时，就以硬装转化为主，家具软装销售为辅，反之则可销售整装。

缺乏优质供给，导致需求无法被满足

从商业价值和社会价值来看，整装是趋势，但从客户的消费需求来看，供给端是无法大规模满足这些需求的。你可以满足个性化需求，但标准化＋个性化方案还没落地。客户的需求极度分散，导致整装产品和服务不断细分，在一个较长的周期和固定市场内，同一款产品用户的接受度会越来越低，转化率也会持续降低。

而现有的整装供给模式都无法解决这个问题，整装是趋势没错，但肯定不是现在的模式。

■ 热闹的家装后市场

据链家研究院数据显示，2016 年二手房的交易额在 5 万亿元左右，新房交易额在 10 万亿元左右，房地产交易市场共计 15 万亿元左右。在一线城市，二手房交易规模大于新房交易规模，已进入存量房时代。

最新数据（来自"2020 丁祖昱评楼市年度发布会"）显示，2019 年中国房地产行业二手房市场总交易金额约为 6 万亿元。其中，15 个一、二线城市成交金额约为 3.49 万亿元，约占二手房市场总交易金额的 60%。

15 个城市分别为上海、北京、深圳、广州、杭州、南京、苏州、武汉、重庆、天津、成都、厦门、合肥、青岛和郑州。其中，上海二手房市场成交金额为 6698 亿元，居全国之首；杭州次之，成交金额为 5196 亿元。

另据爱空间数据，北京市场有 650 万套二手房，每年至少会有 10% 的老房子需要改造，即每年有 65 万套旧房改造的需求亟待满足。

家装后市场很大，也很痛

装修市场分为两块：一是新房市场，不过在国外 80% 新房都是精装房，被房地产商垄断了；第二就是旧房市场，新房在住上七八年后，就步入了家装后市场，用户就会需要居家换新、维修保养、房屋升级改造、房子深度清理，甚至一些居家基础物流服务等。

这由三个需求决定：一是刚性需求，住了四五年了，墙壁被孩子涂画、壁纸破裂等不得不维修；二是感性需求，由于审美疲劳了，被看中的产品价格也不贵，那就买吧；三是升级需求，当年刚买房时由于各种原因就简单装修了一下，现在想局部升级，如乳胶漆换成壁纸，普通马桶换成智能马桶等。

以前用户想换马桶了就自己买一个，然后找马路游击队搞定。但这样会导致三个问题：一是找的人不一定专业，工人往往"水、电、木、瓦、油"都能来一下，只要有活儿干；二是如果搞砸了，售后没保障；三是你也不清楚该给游击队多少钱才合适。

市场是好的，但装修后市场的企业也得打造核心竞争力，构筑自己的护城河。

另外，相比整装来说，家装后市场会相对高频一些，更容易与用户建立黏性。借鉴这种思路，有些企业已经开始改变提供家装服务的单一产品模式，而是附赠了更多增值服务，比如金融服务、环保服务等。优装美家通过云端存储、环保硬件产品、免费的环保评测服务、大数据分析等，提供专业的家庭环境监测及解决方案，增强用户黏性。这些服务能够避免用户在家装结束之后的严重流失现象，增强用户与平台之间的黏性。

家装后市场的问题及挑战

1. 门槛低，竞争激烈，盈利难

安装、维修这些工种的门槛低、客单低、毛利低，没有规模的话，难以赚钱。但规模起来后，如何高效运营又是挑战，否则挣到的毛利额又会消耗在低效的运营和管理上。

以安装服务 B2B 领域为例，天猫推出的"喵师傅"也是 Uber 模式，服务范围包含家装全品类，而神工 007 依赖的线上渠道就会面临冲击。柯白华说："2016 年神工 007 仍在亏损，造血能力较弱，会推进 C 轮融资。"

而 2018 年年底完成的 C 轮融资正是来自阿里巴巴战略投资的 2500 万美元，神工 007 与天猫无忧购展开深度合作，并围绕三个方向进行布局：①落地全国区域运营中心，下沉服务管控能力，完善服务体系；②将加快全国 200 个城市仓送装一体化运营中心的落地，实现线上线下数据打通、仓送装一体化；③全国扩张"天猫无忧购"生活服务店，打造线上引流线下体验的居家商品服务中心。

若神工 007 只是发展自身业务，没有规模和效率的话很难盈利，当成为阿里巴巴线下新零售业务的助力点则发挥了更大的价值，成为巨头完善生态的一环。

2. 利润低，还面临市场的争夺

看似家装后市场的利润率比整装要高，但也得分城市和板块，如在"北上广深"市场，且是高成品化、高客单的服务才行。另外，像翻新基本属于低端市场，高端人群会考虑重新装修，但这块蛋糕后市场的玩家很难抢到了。爱空间、积木家、红星美凯龙等都推出了后市场产品或平台，烧这锅水的企业也会越来越多。

3. B 端和 C 端的选择尴尬

只做 B 端（企业端）会面临业务规模和营收的瓶颈，而走向 C 端（用户端）则是另外一套模式、思路和打法，相应的团队也得大调整。

4. 人才升级的问题

后市场的公司一开始都是从一点切入，如安装、维修、局装等，后来为了增强盈利能力而拓展业务，但创始团队的人才匹配度不够。比如某公司的创始团队最初都来自建材公司，而要业务延伸，面临的第一个问题就是团队的学习能力不够。

■ 智能家居的布局

艾瑞数据显示，2017 年中国智能家居市场规模为 3254.7 亿元，预计未来三年内市场将保持 21.4% 的年复合增长率。无论是垂直领域的独角兽，或是互联网、硬件、家电领域的行业巨头，都希望从中分一杯羹。

随着智能家居行业的不断发展，智能家居将摒弃单个商品和品牌各自为战的状态，而逐渐发展出一套更加系统的解决方案。对于家装互联网化而言，智能家居或许是实现弯道超车的突破点。

生活家白杰也认为，目前的智能家居市场还是零散型的智能家居产品，并没有形成完整的智能家居系统，这也是那么多具有消费能力的中高端消费者没有实现智能家居消费的原因。"消费端市场的核心应该是产品价值，我们引进了一些智能家居产品，下一代产品的迭代方向一定是智能化的整装产品，这是我们第七代产品迭代的方向。"

北京艾菲尼智能科技有限公司成立于 2012 年，针对别墅、酒店、办公、楼宇等客户提供个性化的智能综合化解决方案，已发展成集研发、设计、生产、销售、安装为一体的国家高新技术企业。

艾菲尼的智能家居系统集成了专业的监控系统、安防及报警系统、门禁系统、背景音乐系统、电动遮阳系统、灯光控制系统、电动窗帘系统、无线 Wi-Fi 系统、手机信号增强系统、空调地暖新风环境控制系统及强大稳定的中控系统等。系统具有集中控制所有家用电器、灯光开闭和调光控制、窗帘控制、影音娱乐控制、环境控制、一键场景控制等功能，可以通过语音、电话、手机、智能平板、互联网及其它 Wi-Fi 无线终端远程进行设置、查看和控制。

在这条产业链里，互联网装修的用户群体与智能家居的消费群重合度很高，对新事物的认知一致，且家装是切入智能家居最直接的入口。但智能家居市场的切入需要渠道以及厂家的资源，比如少海汇依托海尔资源与北京某大学共同研发产品套餐接入网关、安防系统、红外系统、智能控制系统等接口，从逻辑上来看是成立的。

还有小米提前搭建智能家居的生态链，打通了入口实现智能家居的消费场景，让用户切身感受到智能家居产品和生活的密切关系及完美体验，而这一设想通过抢占家庭装修的入口来实现，小米家装就承担了这一角色。

在土巴兔内部，一支团队正在研发智能家居硬件产品，并将与现有的移动设备进行整合，为用户提供更具人性化和智能化的家。

目前市面上与智能设备连接的设备少，导致成本高。笔者认识的一个朋友做的智能系统很厉害，是一个开源文件，可以和谷歌等智能系统打通，原理就是一个翻译器，能将不兼容的协议改成通用协议。说白了，他们的专利就是类似于安卓系统一样的东西，具体应用就是，可以将不智能的家居家电变成半智能或全智能的产品，最重要的是成本可以节省 70%。

雷军说："智能家居大爆发给中国带来一次前所未有的机会，是不能错过也不应该错过的机会，不能因为智能家居标准的滞后而制约了行业发展。"你错过了吗？

第一版后记

我想一辈子做个家装人

这本《"颠覆"传统装修：互联网家装的实践论》历时一个多月终于在今年2月底完稿了，时间很仓促，过程很煎熬，推掉了很多事情，也折腾了不少人，但准备还算充分，怎么写都很清楚了，无非是周末不休，晚上苦战！

看似用时不长，其实该书是在我一年多来写的30余篇、10多万字行业分析稿基础上，结合调研及走访了几乎所有的互联网家装公司后整理的三四万字的行业研究笔记，还有一年多收集的近百篇行业报道、报告、观察类文章，以及在《家居电商周刊》24期线上沙龙和4期线下沙龙内容基础上，再加上众多企业提供的各种资料，另外还加入了行业外的精彩观点，系统而全面地阐述了互联网家装，算是一本准备充分的诚意之作。

专注你的"专注"

这本书得以完成，感触最深的就是"专注"这个关键词。去年我QQ上曾有一句签名为"专注会让你成为'可怕'的人"。可能很多人无法体会，这和我的职场经历有关。

2006年我开始写大量品牌、广告、营销等方面的文章，开了30多家专栏，包括在中国营销传播网、全球品牌网、第一营销网等在营销圈很有影响力的网站上，也拿了很多奖项。那年我21岁，有幸出任国家环境保护总局宣教活动顾问，参与策划"环保形象大使选拔活动"。大学时写的稿子后来编辑成两本书——《中国式营销的江湖规则》和《中国经典营销评论》，前一本已出版。

2008 年，我大学还没毕业就奔赴北京发展，理由很简单，北京的营销策划业很发达，去之前就已经联系好了四家知名策划公司，最后进入蜥蜴团队。2009年，24 岁的我做到了某知名品牌文化公司策划总监，第二年离职创业做起了互动营销，两年后加盟某公关公司成为新媒体合伙人，再后来机缘巧合进入家装行业。

这样干了七八年营销策划、公关传播、社会化媒体营销，接触了保健品、IT、家居、酒水、食品、饮料等行业，服务过颐寿园、开心网、圣象、杜康、双汇、好想你红枣、绿源电动车等用户，虽然也有一些好的营销案例——曾在 2010 年搅动了整个酒水行业的"茅台不是国酒""茅台应该卖得更贵"等引发了 100 多家媒体报道和采访。但毕竟行业太宽泛了，唯有专注在某一领域才会有更大的沉淀。

不过也正是因为有前面的积累，让我进入家装领域有了可实操的方法论，也有了更多维的思路，所谓升维思考，降维打击，容易找到破局点。

不是评论是"研究"

我一直不认为自己是媒体人或自媒体人，虽然之前定位自己是"家装 O2O 研究最深入的自媒体人"，但更多强调的是"研究"。

也许是专栏太多了吧，作为百度百家、创业邦、钛媒体、DoNews、i 黑马、速途网、品途网、人人都是产品经理、界面、IT 时代网等知名科技和 TMT 媒体的专栏作者，也是虎嗅、36 氪的作者，并同时拥有搜狐焦点家居、腾讯家居、新浪家居、网易家居等行业专栏，所以容易被误认为是媒体人。

有各大科技专栏和行业专栏，又只研究家装 O2O、互联网家装的只有我一人。我更愿意关注互联网家装企业的运营体系和经营指标，我也希望通过自己一系列的实地调研、深度思考和系统总结，为企业的发展提供具体的帮助。

而这本书正是我对家装 O2O 和互联网家装的系统总结，毕竟是互联网家装行业第一本研究笔记，肯定有不足之处，还请各位看官多多包涵，容我择期修订。

正是对家装行业长时间的观察，我也希望成立"家装研究院"——一家深入到经营的家装研究机构，关注用户研究和企业经营研究，通过"研究、内容、传播、投融资"为企业服务，为行业发展贡献力量。

儿时的梦

小学五六年级时，我喜欢剪报，按政治、历史、地理、体育等分门别类集结成册，在小学毕业的暑假洋洋洒洒做了很长的一个目录，想出版一套百科全书。

那时很天真，觉得出书很容易，带着一大书包的资料去城里找我姑父，没想到我俩爱好一致，我将他剪剩下的报纸又剪了一遍。在他家里待了快一个月，最后没做成，又背着更多的资料回去了。

好吧，幼小的心灵一直埋藏着想出版一本自己的书的梦想。

大三时计划写一本《学历教育反击战》，专门谈大家面临的教育的问题。为了安静，找院长特批了一个独立的寝室给我住。写了几个月，没写出来，新生开学后，校舍紧张，把我撵走了。

后来也出了一本书，但更多像文集，而这本书总算是圆了我儿时的梦。

道一声"谢谢"

让我没想到的是，整个互联网家装行业都参与了这本书的众筹，这也保证了整部书的客观公正，不会为哪家企业背书，只是合适时作为案例引用。

当时的众筹定了四套方案：A 方案 599、B 方案 999、C 方案 3999 及 D 方案 9999，这也是标准套餐，到目前为止还有一个"599"不知道是谁众筹的，感觉像是给贫苦山区的留守儿童献爱心，不留名。

在此对以下大力支持的个人和企业表示感谢：

联合支持人：马群、秦航、仲荣、李一广、卢涛、康君明、董利、何庆、冯飞龙、刘洋、周乾、刘广森、蒋刚、黄清龙、李华、刘原先、郭欣、史冰森、何逸飞、毛强、宋帅东、梁时东、杨刚、周飞、程学四、李帅、陈亚万、陶东、李树森、马炜、陈杰、林周勇、陈斌、杨栋梁、夏海、王道岁。

联合发起人：钱钢、张晓丰、连苹、谭萍、袁晓忠、徐耀文、郜亮、于鹏飞、滕显龙、和莉莉、王波、栾添昊、刘荣、刘禹锡、周新、蔡明、叶宏鸣、苑智皓、杨剑、曹文华、钱锟、张作华、戴洪亮。

联合发起企业：我爱我家网、土巴兔、优装美家、蘑菇装修、有住网、微装网、装小蜜、爱空间、家装e站、e修哥（备注：以上按参与时间先后排名）。

这本书是我研究家装行业的一个开始，预计 2017 年年初就会出修订版。

同时还会用一年时间，走访调研 30 个有典型代表的家装企业，看 100 个工地，与超过 500 位客户经理、设计师、监理、工长和用户深度交谈，完成一本《家装消费会碰到的 120 个场景》（暂定名），期待对行业从业者有更大的帮助。

我想，我和家装的"缘分"应该是一辈子的。

当然得有你的支持。

穆　峰

2016 年 3 月 15 日

第二版后记

专注·坚持·家装人

《"颠覆"传统装修：互联网家装的实践论》的第一版在 2016 年 6 月由华中科技大学出版社出版发行，当年 7 月第二次印刷，10 月第三次印刷，7、8、9 月多次杀入京东、当当图书畅销榜，累计销量超过 1 万册，毫无疑问是家装互联网化最畅销的一本书，而且没有推广，没有传播，全靠口碑推荐。

2016 年 7 月至 10 月，我连续举办了近 30 场走近企业读书会，先后走进智装天下、土巴兔、盛世乐居、积木家（原蘑菇装修）、有住网、乐豪斯、贝朗卫浴、靓家居、搜辅材、优装美家、塞纳春天、铭筑舍计、爱福窝、北美枫情、家装 e 站、嘉禾装饰、宜和宜美等企业，并举办了 10 场面向行业的线下沙龙读书会，累计超过 500 家装修企业参与。

当然，目的不是为了搞活动，而是为了输出内容，企业举办读书会都得批量买书，并得满足其他条件。新版上市后仍会继续举办走近企业的线下读书会，不知道第 100 期会是个什么样子。

第二版由知者家装研究院出品，相比第一版，第二版更为费时、费力、费神，前后周期超过 3 个月。有的企业到 4 月了才提交案例，不能不等。等吧，迟迟无法交稿。出版社也催我：赶紧出新版，书都断货了。他们不得不进行第四次印刷。

另外，原计划修订和增加的章节会有三分之一，更新了 10 万字，实际更新和增加的内容超过 15 万字，单看字数都算是一本新书了。

新版不断打磨，综合几百万字的资料和我十多万字的总结，并进行了系统梳理和思考，也总算能拿出手了。

我一直认为，专注一个领域，坚持去做一件事，做到极致，不要介意外界怎么看，也不要受到干扰，坚持做自己认为对的，总会有收获的。

综合第一版和第二版，在此对以下人士和企业表示感谢。

联合支持人：马群、秦航、仲荣、李一广、卢涛、张建周、董利、何庆、冯飞龙、刘洋、周乾、刘广森、蒋刚、黄清龙、李华、刘原先、郭欣、史冰森、何逸飞、毛强、宋帅东、梁时东、杨刚、周飞、程学四、李帅、陈亚万、陶东、李树森、马炜、陈杰、林周勇、陈斌、杨栋梁、夏海、王道岁、张贤、刘晓峰、柯宇雄、陆顺祥、陈海天、卢怀斌、申亮。

联合发起人：钱钢、张晓丰、连苹、谭萍、袁晓忠、徐耀文、郜亮、于鹏飞、滕显龙、王超、王波、栾添昊、刘荣、刘禹锡、周新、蔡明、叶宏鸣、苑智皓、杨剑、曹文华、钱锟、张作华、戴洪亮、张评元、邱硕、郅富、周易、吴小双、鱼头、钱俊雄、章哲诚、田晓东。

联合发起企业：我爱我家网、土巴兔、优装美家、积木家（原蘑菇装修）、有住网、乐豪斯、装小蜜、爱空间、家装 e 站、e 修哥、派的门、3 空间、靓家居、宜和宜美、搜辅材、升茂地板、北美枫情、东易日盛、生态美家、美窝家装、PINGO 国际、美家帮（按参与时间先后排名）。

另外，还要特别感谢**上海嘉定新城管委会、马陆镇人民政府**对本书再版的大力支持！

这本书一年内是不会修订了，到 2018 年年底可能会第三次修订出精装版，字数会削减一半。

当然，我和知者家装研究院会继续在家装领域精耕细作，做独特、实操、有价值的内容。

今年，我会兑现去年承诺的那本书。

还是那话，我想，我和家装的"缘分"应该是一辈子的。

当然还得有你的支持！

穆　峰

2017 年 4 月 29 日

精编版后记

临在当下，助力家装家居业走向美好

本书前两版累计超过 7 次印刷，和本书相关的企业读书会超过 40 场，在行业内算是一本货真价实的畅销书。

2015、2016 年时，行业内很多创业者、公司喜欢提"颠覆"传统装修，不过我当时觉得颠覆很难，所以在第二版的书名《"颠覆"传统装修：互联网家装的实践论》中加了双引号，需要持续跟进看结果；另外，"互联网家装"是名词，用名词圈定一个不确定的过程不准确，而且"互联网家装"这个名词被各类公司当成营销概念随意使用，因此，"家装互联网化"强调发展过程。

从 2017 年开始，知者研究就不断强化人们对"家装互联网化"的认知，先后重磅推出一系列报告和榜单，如《2015—2017 中国家装互联网化第一份行业策略白皮书》《72 页 PPT 告诉你一个真正的家装互联网化，史上最强干货》《2015—2017 中国家装互联网化十大代表企业》等，在行业内刷屏。

偏执的存在

这两年来，知者研究经过系统研究、沉淀和打磨，计划今年完成或推出四五本图书，本想着喷涌而出，如火山爆发一般，但碰上疫情了，与很多企业一样被打了一闷棍，营收影响很大，但还是可以做长肌肉的事情。

我们在这个行业是个另类的存在，没有什么商业模式，也不在意营收，就是在土里刨食，默默无闻做着自以为有根的事情。

《装修口碑怎么来：重塑用户体验场景》在本书第二版后记中有提到，这是家装行业第一本研究用户口碑的专著，前后历时两年多才出版，于 2018 年 2 月初开始撰写，几易其稿，极为难产，严重影响了公司经营状况，知者研究差一点关门，最后还是撑住了，就为了这一本书，为了曾经的承诺。

人们总是从创造商业价值的角度来衡量一件事的意义。若是这样，可能就没什么意义了。

创造美好作品

每代人都有每代人的情怀，每代人都有每代人的使命。五四时期的大学生可以反帝反封建，西南联大的学生可以扛枪上战场。抗战时有"一寸山河一寸血，十万青年十万军"，年轻人奔赴国难，慷慨赴死。我们这代年轻人的使命又是什么呢？

想起北宋大家张载著名的横渠四句："为天地立心，为生民立命，为往圣继绝学，为万世开太平。"这是何等的气魄，何等的格局和胸怀。先生是陕西宝鸡眉县人，每次去宝鸡都会想起这位大家，想起他的名言，感慨万千。

马斯克说："就我个人而言，让人类成为跨行星物种，是我积累财富的唯一目的。除此之外，赚钱对我来说没有太大的意义。"你的使命又是什么？我的使命就是和大家居产业一起进化，一起发展，在成长的同时，能作为一名推动者，参与到产业的变革中，贡献一己之力。助力家装家居行业，这是我的使命，也能表达我们每位从业者的心声。

当然，思想是小我层次，使命的价值更大。只有临在当下，击穿阈值，使命才会敲门。

今后我就做好知者研究的每一件事，每一个作品，临在当下，等待使命召唤。

"创造一件灵魂作品，实现人生的救赎和超越，这就是我此生的意义和目的"。这句大学的土话就是我的座右铭。

穆 峰

2020 年 7 月 10 日

各方好评

家装行业的数字化，已经不是"选择"的问题，而是时代的浪潮，是势在必行的路。

在 2020 年这个不平凡的时间点，在这次影响深远的疫情中，让我们更加明白：数字化、线上化，是每一个企业的必修课。因为消费者依赖、信任网络，愿意通过互联网去完成一个个交易。

感谢穆老师的书，他的深刻洞察，对行业宏观而细致的解读，让我能够更科学、更系统地审视这个行业和企业，走上一条更有价值、更有把握的互联网转型之路。

——上海星杰装饰集团董事长　**杨渊**

疫情之后，我们会看到越来越成熟的中国家装行业，正如书中所说，做家装一定要接地气、要落地，这本书从实践提炼理论，由理论指导实践，让你看懂一个更写实的家装互联网化的世界。

——生活家家居集团总裁　**白杰**

穆峰先生与我相识多年，先生对家装互联网化总是有着独到而深刻的见解，他思维闪耀的光芒也时刻为我点亮灵感的火花，让我在艰难的创业期找到更多新的方向。

——有住网董事长、少海汇创始合伙人　**杨铁男**

本书是家装行业迄今为止，全景式剖析整条产业链中每个角色状态，同时还指出了未来发展方向的一本书，为家装从业人员点亮了一盏明灯，的确很棒！

——家装 e 站创始人、云家通董事长　**孟德**

一开始从事装修 O2O 行业，就拜读穆峰老师的文章。穆峰老师的文章深入浅出，颇具洞察力，非常建议家装行业的从业者都仔细拜读。

——酷家乐董事长　**黄晓煌**

这本书是我见过的对家装行业最全面、最深入、最专业的解读。穆兄对行业的解读和对未来行业发展的洞见对家居行业从业人员及投资者具有非凡的价值。

——乐豪斯装饰产业集团董事长　**周新**

穆峰老师为了写好这本书，不辞辛劳地走访了过百家家装企业，并对行业各类企业做出了客观分析，为业内人士提供了更多的参考与借鉴，是行内行外都值得一读的一本好书！

——靓家居董事长　**曾育周**

这是迄今对家装互联网化分析最系统、深刻、实操的一本书。新型家装互联网化公司是推动行业根本性变革的中坚力量。

——美家帮创始人、中装速配董事长　**戴洪亮**

我非常认真、不止一遍地读了穆峰先生的《装修新零售：家装互联网化的实践论（精编版）》，发现这是这个领域难得的既有理论价值又很接地气的一本书。他聚焦研究家装互联网化领域多年，既是一位深度思考者，也是一位踏实践行者。他的这本书，值得这个领域的从业者和关联人群用心阅读。

——北美枫情木家居（江苏）有限公司原总裁　**周清华**

佛指引信众方向，佛也说不要错把我指的手也当成方向。《装修新零售：家装互联网化的实践论（精编版）》就是家装领域的佛手，潜心出真知，浸润出真品。穆峰先生深耕家装行业十多年，真知灼见来自对行业客观而朴实的实践与调研，在狂欢的互联网时代，始终以旁观者的犀利视角去引领、启发家装人的思考。

——绿地家居总经理　**滕胤吟**

家装行业的发展很有意思，家庭装修是客户的需求，但行业的发展却并非是围绕客户的需求出发的。因为行业太大，所以其中出现了服务、零售、制造、地产、互联网等非常多的业态。期待穆峰老师庖丁解牛，把"牛"从各个角度解剖开，呈现在读者眼前。

——住范儿 CEO　**刘羡然**

5 年前创立 U 家工场初期认识的穆峰老师，穆峰老师对行业的观察之入微，抽象整理出一系列可以指导装修企业思考与经营的概念与理论。为原本缺失管理理论的装修行业，注入了全面的知识体系。建议家装行业同仁一定拜读此书。

——U 家工厂 CEO　**李帅**

穆峰先生长期观察家装业的发展和变革历程，书中的行业洞见将为装修企业老总带来重要启迪。非常期待穆峰先生后续的升级版——家装业的数字化变革，真正的家装业变革历史见证。

——鲁班软件创始人、班筑软件董事长　**杨宝明（博士）**

家装行业的规模化之路到底该怎么走？ 30 年以来，多数从业者从实际案例中归纳式分析，无一成功。今天，穆峰老师则以演绎思维方式推导，也许真能窥测天机，将行业引向大道！

——打扮家董事长　**崔健**

家装行业的历史变革已经开启，这个号称 4 万亿的行业里遍布痛点，这场家装互联网化的浪潮中，穆峰是我见到的唯一一个真正认真研究、记录、分析行业的人，如果你要了解家装互联网化的变革和行业情况，本书会成为你最好的选择。

——装小蜜创始人兼 CEO　**王志峰**

家装可以简单到一种颜色，也可以深入至一门学问，难得穆峰老师既开启了对家装的实践探索，同时又让它形成了一门专业学科。宜和宜美的软装开启了全新的家装探索，未来的道路我们愿为更专业、更美好的事物而生，与更专业的人为伴，一路前行！

——宜和宜美创始人 大美姐（蒋伟红）

《"颠覆"传统装修：互联网家装的实践论》第一版上市后，我们曾邀请穆老师做了一场面向公司管理层的读书分享会，讨论热烈，很有收获。本书是精编版，修改幅度很大，很期待，也希望穆老师能再次走进嘉禾。

——嘉禾装饰集团总裁 钱俊雄

作为"互联网+"时代，家装行业的经典之作，强烈推荐给朋友们，尤其是企业的中高层。读透这本书，有助于您更加全面、深入和细致地了解行业发展，帮助企业更好地成长。

——一起装修网创始人兼 CEO 黄胜杰

非常荣幸与穆峰先生相识，本书是一把打开家装互联网化认知大门的钥匙，既有业内专家沉淀的经验干货，也有从宏观视角对行业未来的前瞻瞭望。随着 5G 技术的到来，新技术给传统家装领域必定会带来无限想象与可能，希望家装从业者都能从本书中有所收获。

——上海 HH 云设计平台产品经理 刘海

穆峰老师是我接触过的对家装互联网化研究钻研最深入的专家，本书从家装全行业的各个场景分析出发，深入浅出地剖析目前和未来家装行业的各种模式，是每一位家装从业者的必看之书。

—— J.HOUSE 庭院式轻生活全屋定制总裁 钱钢

这本书不仅是家装人，更是泛家居行业人值得阅读并从中获得启发的书！内装工业化的来临使产业与生态链发生了改变，催生了整合新时代。有机会请穆老师走进企业与大家分享一下是件大有裨益的事。

——德国贝朗（亚太）副董事长 郭琬怡

各方好评

穆峰老师是研究家装互联网化最深入的人，这个行业无出其右，而这本《装修新零售：家装互联网化的实践论（精编版）》是行业里的第一本书，也具有最系统的总结、提炼和洞察，非常值得一读。

——padoor 派的门总经理　谭萍

实践出真知！在互联网对家装行业改造举步维艰的时候，穆峰老师详尽记录和分析了众多实践者走过的路，为勇敢的探索者提供了全面参考。

——智装天下董事长兼 CEO　秦漾东

所有行业都需要持之以恒的探索和实践者。喜闻穆峰老师的书再版，我由衷地向这位坚韧的行业观察和实践家致敬，同时也向爱福窝及家装行业所有积极开拓、不忘初心的创业者致礼！

——爱福窝创始人兼董事长　陈伟昌

穆峰先生对家装互联网化有深刻的观察力和敏锐的判断力，书中很多观点对我深有启发这本书，值得特别推荐。

——全筑家居集团副总裁、全筑别墅装饰总经理　吴小双

穆老师的新作为传统的家装行业进行互联网化提供了完整的实践论。全书内容翔实，以指导实践为本，为行业发展提供了很好的参考，我建议业内人士都来阅读学习。

——象邦局装 CEO　倪硕

作为一个中小型建筑市场中的互联网企业，从家装互联网化中学习经验是我们的必修课。穆峰老师的这本书对家装行业分析透彻，精编版较上一版框架更加明晰，不仅有对行业内经营模式方面的详细论述，还有对解决线下实际问题的深入研究，值得整个大家居产业或重线下运营的互联网企业学习与实践。

——筑东东 CEO　杨洋

作为最早一批在天猫上做家装的商家，我与家装互联网化的实践和穆峰书里的很多观点不谋而合，比如设计师的本质和价值回归。铭筑在天猫一直主打个性化装修，注重装修设计服务的好评率和效果图实景化交付，不会说大话，只会创造一些事先没对客户承诺过的惊喜。

——铭筑舍计创始人　**叶宏铭**

感恩穆老师对大家居产业孜孜不倦的持续研究，书中很多观点、方法让我们受益匪浅。"普赫"为家居生活提供系统解决方案，融汇"采暖、空调、新风、净水"四大系统集成服务，萃聚十二大暖通技术优质品牌，服务于 B 端经销商。这次疫情对我们行业总体来讲是利大于弊。由于疫情的原因，消费者会非常重视健康、舒适、安全的家居环境。另外，由于疫情，零售经销商更能看清公司的内部成本、渠道关系建立、品牌优化以及供应商的选择，加快自我的革新升级。最后，各工厂品牌方也会通过这次事件调整与经销商、市场、自身产品的关系，优胜劣汰。

——苏州普赫暖通设备工程有限公司总经理　**钟伟伟**

本书是穆老师倾心力作，是一本难得的推动家装行业发展的佳作。对模式的演进、"家装 + 互联网"的思考有着很强的深刻性及实战性，对家装这个痛点诸多的行业，有着透彻的分析。如果你是一名家装人，想在行业的变革期准确地抓住前进的脉搏、找到成功的方向和方法，拥有行业大佬的发展思维和实践的力量，那么，此书值得推荐赏阅！

——绿色家装饰创始人、全新家科技 CEO　**王大川**

感谢穆峰老师又给家装业带来一味"新药"。家装很难做，我们需保持强烈的敬畏心，专注一个人群，一个单品，做到极致。选对人、做对事，花足够长的时间精雕细琢，为年轻人提供更好的居住环境。

——美窝家装 CEO　**高原**

有幸参加了穆峰老师第一本专著的第一场读书会，穆峰老师对家装行业互联网化的观察思考以及对整个家装行业睿智的解读，无愧于"家装互联网化第一研究者"殊荣。

——成都共同管业集团常务副总裁　朱元杰

"知者行之始，行者知之成"。任何行业的变革都会涌现出具有超前理论和洞察力的知识者，穆峰兄算一个。家装行业是一个错综复杂的"社会底层"行业，变革也是一个极其漫长的过程，时时伴随着中国经济和第三产业的阵痛涅槃。经过几版实践迭代修改，本书俨然已是行业从业者的标准手册。

——成都六间仓科技有限公司创始人兼 CEO　屈洋

穆峰老师对家装互联网化发展的研究是深刻的，是行业研究内容的优秀输出者。这本书绝不是简单地对家装行业互联网化进程的整理，而是提出了互联网技术在家装各个错综环节中应用的方法论。我认为读完本书不会成为行业专家，但一定会对传统家装行业从业者进行互联网转型时所遇到的问题起到点拨与启发的作用。

—— 搜辅网科技创始人兼 CEO　田晓东

家装互联网化的本质还是装修。怎样改进行业、解决痛点、赢得市场，作者结合行业众多商家案例为大家带来深入思考。

——京东零售时尚居家平台事业群居家业务部总经理　何超

互联网对生活的渗透已经无孔不入，"拇指时代"更是将争夺用户的战场从B2C 燃烧到全渠道，最不明智的做法是"与趋势为敌"。本书从行业发展、模式演进和家装＋互联网的本质中给出思考和方法论，难得的沉静佳作，值得推荐！

——拼多多大家装总经理　白圭（葛崇）

作为穆峰老师多年老友，他对家装互联网化的研究非常深入且让人易于理解，通过基于实践的整理和分析，提出了很多需要家装人思考的观点。也全面分析和阐述了家装三要素、各环节的注意事项，的确值得推荐阅读。

——苏宁家装总经理　**张乾**

穆峰老师一直是我们的专栏作者，更多的思考和实操在这本书里有丰富的体现，倾情推荐！

—— 网易家居全国总编辑　**胡艳力**

家装互联网化不能仅仅是概念层面的炒作，而是要从家装的本质上进行大胆而务实的实践。只有这样，家装互联网化才能真正成为颠覆行业的一股力量。细品本书，读懂家装互联网化！

——优居研究院院长、优居新媒体总编辑、腾讯家居全国总编　**张永志**

知者研究是装饰家居行业最前沿的深度内容服务商，它们的每个作品都可以提升你对行业深度的认知，"实践论"一定很火！

——欧工软装创始人　**欧杰**

穆老师的书从非常广泛的数个纬度分析了家装的问题与转型的方法和要素，从专家的视野给泛家装家居行业的底层结构做了透彻深入的思考。阅读的过程是一段非常难得的行业探索与发现之旅。

——全屋优品的创始人兼董事长　**周志胜**

家装互联网化现阶段的主要表现是标准化整装。随着家装消费者日渐对整装的青睐，随着科技与产品的不断发展，这为整装发展提供了广阔的市场前景及落地的可行性。因此，越来越多的企业转型涉足这一领域，然而只有少数企业能够真正洞察行业本质。穆老师对家装互联网化进行了深入的研究，并提出了可落地的实践论，非常推荐从业者认真研读。

——东鹏控股整装家居总经理　**梁慧才**

像梳理工地一样梳理一个行业！将家装这样一个复杂、琐碎，看上去有点不入流的行业系统化、科学化地理性呈现！感谢穆峰对行业的思考！

——深圳市家装家居行业协会会长　李晓锋

家装，供给端材料过剩、不缺工人，需求端不缺消费者，缺的是用户满意度。家装公司本质是资源整合型的集成服务商，借助互联网"用户思维"理念，实现用户体验与运营效率双提升，本书提供了路径和方法论，可供家装行业实践参考。

——过家家创始人　丁力

中国家装行业经过近三十年的发展，各种装修模式层出不穷，当下客户细分越来越精细。穆峰老师对家装行业的洞悉和认知我深感钦佩。此书将为行业的发展带来更清晰的方向！

——好易家装饰集团董事长　肖道宇

在浮躁周期之后的失控与焦虑势态下，穆峰指出以家装行业技术驱动回归交易本质，为客户提供真正的"家"产品与服务，走出因过度商业而迷茫的思绪陷阱。很高兴与穆峰达成共识并交流，这是本指出家装企业生存之路的好书。

——麻雀装饰创始人、哈尔滨山河软件董事长　冯雪冬

数字时代，想知道如何有效推动家装互联网化，就看穆峰先生的这本好书。本书有精准的分析、深度的方法论、翔实的案例，必定让你受益匪浅，对家装实操和转型指明了一条光明之路。

——金牌厨柜高级副总裁　孙维革

最早是偶然在朋友推荐下拜读的本书第一版，被作者对家装行业的深度理解和研究震撼，之后有幸当面深入探讨。穆峰是行业内唯一持之以恒地从消费行为、用户思维、厂商观察、渠道发展、服务形态，以及在网络盛行的时代对家装建材行业的影响等方面做深度研究的知名学者。新书即将出版，我深感庆幸，引领大

家一起共鸣、一起思考。

——大自然地板常务副总裁　**鹿小军**

家装互联网化并不是我们理解的简单的互联网家装，而是对传统家装在现阶段如何转型升级的思考和实践。互联网化不仅是指流量用户端要考虑线上营销，更应该考虑将交付管理、供应链管理、转化流程、传统门店展示出样等都进行互联网化的实践，这里既包括外部市场端，又包括内部 IT 信息化。相信穆峰先生的大作会给各位家装行业老板和管理者带来深入思考，以及实践指导！

——顾家集团副总裁　**毛新勇**

家装行业的大市场小企业状态持续了三十几年，是否会在本轮互联网化的变革中有所改变，值得全行业期待！穆峰先生本书的再版升级，就是对此系统的思考与预判，值得家装行业相关从业者仔细研读！

——红星美凯龙设计云总裁　**周天波**